烹饪工艺与营养专业“十二五”规划系列教材

面点工艺

张　松　主编
陈　迤　陈　实　副主编
钟志惠　主审
程万兴　罗　文　王德振　胡金祥　冯明会　参编
欧阳灿　摄影

西南交通大学出版社
·成都·

图书在版编目（CIP）数据

面点工艺 / 张松主编. —成都：西南交通大学出版社，2013.2（2022.8 重印）
烹饪工艺与营养专业“十二五”规划系列教材
ISBN 978-7-5643-2170-3

Ⅰ. ①面… Ⅱ. ①张… Ⅲ. ①面食－制作－高等职业教育－教材 Ⅳ. ①TS972.116

中国版本图书馆 CIP 数据核字（2013）第 020547 号

Pengren Gongyi Yu Yingyang Zhuanye “Shierwu” Guihua Xilie Jiaocai
Miandian Gongyi

烹饪工艺与营养专业“十二五”规划系列教材

面 点 工 艺

张 松 主编

责任编辑	杨岳峰
封面设计	墨创文化
出版发行	西南交通大学出版社 （四川省成都市金牛区二环路北一段 111 号 西南交通大学创新大厦 21 楼）
发行部电话	028-87600564 028-87600533
邮政编码	610031
网 址	http: //www.xnjdcbs.com
印 刷	四川玖艺呈现印刷有限公司
成品尺寸	185 mm×260 mm
印 张	13.75
字 数	342 千字
版 次	2013 年 2 月第 1 版
印 次	2022 年 8 月第 6 次
书 号	ISBN 978-7-5643-2170-3
定 价	49.50 元

烹饪工艺与营养专业

“十二五”规划系列教材编写委员会

Benshu zuozhe jianjie

本书作者简介

张　松　讲师，中国烹饪名师，面点技师，任教于四川烹饪高等专科学校烹饪系，主要从事面点工艺学、面点制作技术、北方面食制作、冷拼制作技术等课程教学。曾代表学校参加烹饪比赛多次获得金奖；曾代表学校赴法国交流学习；近年来，主持或参与校级精品课程2项，主编或参编教材数部，发表专业论文多篇。

陈　迤　副教授，中国营养学会会员，面点工艺教研室主任，任教于四川烹饪高等专科学校烹饪系，主要教授面点工艺学、面点制作技术、淮扬点心制作技术等几门课程及烹饪研究工作，近年来主编或参编教材及专著近5部，在各级杂志上发表论文10余篇，主持省级科研项目1项，参与省级科研项目近5项，主持、参与2门校级精品课建设，获得校级教学成果奖1项。

陈　实　讲师，中国烹饪大师，川菜烹饪大师，任教于四川烹饪高等专科学校烹饪系，主要从事面点工艺及制作技术、广东点心制作技术等课程教学。现任蜀丰餐饮管理公司董事长、川粤城酒楼董事长、新王府酒楼总监；曾多次代表学校赴国外交流学习；曾获得中国“伊尹奖”餐饮企业管理成就奖，中国餐饮总评榜“十大风云人物”等奖项。

程万兴　讲师，中国烹饪名师，面点技师，面点师高级考评员，任教于四川烹饪高等专科学校烹饪系，主要担任面点工艺、面点制作技术、中西点制作等课程的教学工作。近年来，主编或参编教材数部，参与省级校级精品课程建设2项，获得省级校级教学成果2项，参与省级校级科研课题2项，曾代表学校赴美国交流，获得“川菜烹饪友好使者”荣誉称号。

罗　文　副教授，硕士，中国烹饪名师，高级面点技师，任教于四川烹饪高等专科学校烹饪系，主要负责面点工艺学、面点制作技术，广东点心制作技术等课程的教学。曾多次代表学校参加烹饪比赛，并获得面点金厨奖、面点个人金奖、全能铜奖等奖项；曾代表学校赴法国、新加坡交流学习；近年来主编或参编教材及专著10余部，发表专业学术论文10余篇，主持省级科研项目1项，参与国家级、省级科研项目10余项，参与校级精品课程建设2项。

王德振　讲师，硕士，面点技师，任教于广西玉林师范学院，主要负责面点制作技术、西点制作技术等课程的教学工作。近年来，主要从事面点研发和标准化、产业化推广，并积极开展餐饮经济贸易等方面的研究，参编教材数部，发表专业学术论文10余篇，主持或参与科研项目10余项。

胡金祥　助教，川菜烹饪名师，成都市民间文艺家，任教于四川烹饪高等专科学校烹饪系，主要负责面点工艺学、面塑、食品雕刻等课程的教学工作。曾代表学校赴法国交流，多次代表学校参加烹饪比赛获奖，多件面塑作品被成都市民间文艺协会收藏。近年来参编教材1部，发表专业论文数篇。

冯明会　助教，烹调技师，高级面点师，高级调酒师，北方烹饪名厨，任教于四川烹饪高等专科学校烹饪系，主要负责面点工艺及制作技术、面塑等课程的教学工作。曾多次在省、市及全国烹饪大赛中获奖。近年来，参与编写教材1部，发表专业论文数篇。

改革开放以来，特别是进入新世纪以来，我国餐饮业得到了迅速发展，取得了长足的进步。随着我国城市化、市场化、全球化和信息化的深入发展，餐饮业的竞争将进一步加剧，而高素质、高技能人才是竞争的焦点。

百年大计，教育为本，人才培养的关键在教育。我国烹饪教育伴随着共和国的经济发展和社会进步，取得了丰硕的成果，但还不能完全适应产业迅速发展的需求。推动餐饮业发展的关键是烹饪教育的人才培养模式和教育教学必须适应人才市场的需要。

以人为本，不断改善民生是我们共同的愿望。餐饮业等现代服务业对吸纳就业和提高人民生活品质有着巨大作用，因此未来这一产业还将迅速发展。但随着中西交汇、南北融合和生活节奏的加快，市场促使产业分工细化、专业化和升级换代，这就要求烹饪教育必须进行改革。教育观念，人才培养模式，教育内容、手段和方法，教育和人才评价考核方法，以及学校服务社会的形式等都需要根据国家的教育改革举措和市场的需求进行更新和转型。

教材建设是人才培养的重要方面，是课程建设和改革的关键环节，是更新教学内容的重要手段，事关人才培养的基本规格。因此，不断推出新教材，特别是成体系的精品教材，是一项有益的基础性工作，必将推动烹饪教育事业的发展。

作为教师，我十分乐意看到成千上万的学生健康成长，成人成才，成为行业的中坚力量和大师。

是为序。

卢一

（四川烹饪高等专科学校校长）

二〇一〇年十二月十日凌晨

于成都廊桥南岸小鲜书屋

CONTENTS

目录

第一章 认识面点

MIANDIAN GONGYI

通过本章的学习，让学生从整体层面上理解面点的定义、特点、分类和作用等相关理论知识。

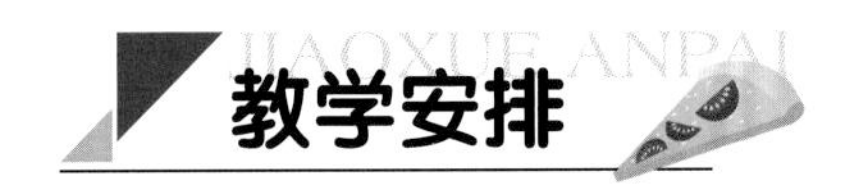

4～6课时，均为课堂讲授。

中国烹饪博大精深，源远流长，其工艺可以分为菜肴制作工艺和面点制作工艺两部分，行业俗称为“红案”和“白案”。面点是中国烹饪的有机组成部分，与人们的日常生活密不可分。

面点是中国饮食的重要组成部分，具有悠久的历史，品种丰富多彩，制作技艺精湛，风味流派众多，且与食疗、风俗、节气结合紧密，反映了中华文明和中国饮食文化的发达。在广博的中国土地上，因地域、物产、生活习俗的差异，面点有着多种称谓，如北方称之为“面食”，南方称之为“点心”，西南称之为“小吃”，等等。这正是因为面点具有非常广泛的内涵，它包括各种米食、面食、小吃和点心。

具体地说，面点是以各种粮食（米、麦、杂粮及其粉料）、蔬菜、果品、鱼、肉等为主要原料，配以油、糖、蛋、乳等辅料和调味料，经过面团调制、馅心及面臊制作，成形、成熟工艺，制成的具有一定营养价值且色、香、味、形、质俱佳的各种主食、小吃和点心。

中国面点历史悠久，品种繁多，技艺精湛，特色分明。具体地讲，中国面点具有以下特点：

1. 选料广，用料细

中华民族丰富的饮食文化、食源结构决定了中式面点制作中选料的广泛性，几乎所有食物原料都能用于制作面点。同时，面点师能根据面点制品要求，注重合理、科学、巧妙地选用原料，达到扬长避短、物尽其用的效果，制作出独具特色的面点品种。

2. 技法精，造型美

中式面点制作流程较为复杂，一般都要经过选料、配料、调团、搓条、下剂、制皮、制馅、上馅、成形、成熟等环节，在各环节中又涉及各种技法，各技法又有相应的手法和技法要求。中式面点长期以来是以手工制作为主，经过了漫长的发展历程，特别是面点厨师的继承和不断创造，拥有了众多技法和绝活，其技法十分讲究。

我国的面点造型精美，种类繁多，基本形态丰富多彩，在国内外享有极高的声誉，特别是各类花色面点制品，以优美的造型、和谐的色彩给人以美的享受。同时，面点形态的选择要从多方面因素考虑，才能达到色、香、味、形、质俱佳的境界，由此也可以反映出面点厨师对调团、制馅、成形、成熟等技法掌握的水平高低。

3. 品种多，风格多

中式面点的原料选用广泛，流程复杂、技法多样，造型丰富，这些都在一定程度上影响了面点品种的多样性。

中国幅员辽阔，民族众多。多样的地理环境导致了物产的多样性，多民族性又形成了各地区、各民族独具风格的面点品种和特色。

4. 重馅心，讲口味

馅心是面点制作过程中的重要内容之一，绝大多数面点品种的口味都由馅心决定。面点馅心用料广泛，选料讲究，调味丰富，形成了不同特色的馅心。同时，利用面团的原料和调制方法的不同，形成了疏、松、爽、滑、软、糯、酥、脆等不同质感的皮坯，奠定了面点的口味基础；利用蒸、煮、煎、炸、烤、烙等不同加热成熟的方法，又进一步丰富了面点口味。正是面点制作流程中不同技法的交叉应用，最终形成了各面点的特点和口味。

5. 遵食俗，应时节

中国饮食讲究应时应典，寓情于食。面点厨师根据不同季节特点、时令物产、节庆习俗等条件推出多种点心，应时更换品种，如元宵节的元宵、清明节的青团、端午节的粽子、中秋节的月饼、重阳节的重阳糕等。春季、夏季、秋季、冬季，面点的选料、制作、吃法各有不同。

第二节 面点的分类

面点按照不同的分类标准，可以分成不同的种类。

1. 单一分类法

这类分类方法是以某一项单一指标对面点进行分类。单一分类法能从不同角度反映出面点制品的特点。

（1）按照地域风味流派，可以分为京式面点、苏式面点、广式面点和川式面点等。

（2）按照制作原料，可以分为麦粉类制品、米及米粉类制品、杂粮类制品、果蔬类制品、羹汤类制品、冻类制品及其他制品等。

（3）按照面团性质，可以分为水调面团制品、膨松面团制品、油酥面团制品、米及米粉团制品、其他面团制品等。

（4）按照制品形态，可以分为饼类制品、包类制品、饺类制品、团类制品、卷类制品、条类制品、羹汤类制品、冻类制品、象形制品等。

（5）按照成熟方法，可以分为蒸制品、煮制品、煎制品、炸制品、烙制品、烤制品等。

（6）按照制品口味，可以分为甜味制品、咸味制品、甜咸味制品、无味制品等。

（7）按照制品的干湿程度，可以分为干点、湿点、水点等。

2. 综合分类法

为利于面点制作的相关学习，根据面点的实际状况，往往需综合多项分类指标对面点进行分类。综合分类法首先以面点制作原料为指标进行分类，其次以面团性质为指标。如表1.1所示：

表1.1 面点综合分类法

面点制品综合分类			品种举例
麦粉类制品	水调面团制品	冷水面团制品	韭菜水饺
		温水面团制品	花式蒸饺
		热水面团制品	锅贴饺子
		沸水面团制品	波丝油糕

续表1.1

面点制品综合分类				品种举例
麦粉类制品	膨松面团制品	生物膨松面团（发酵面团）制品	酵种发酵面团	老面馒头
			酵母发酵面团	鲜肉包子
		化学膨松面团制品		无矾油条
		物理膨松面团制品	蛋泡膨松面团制品	凉蛋糕
			油蛋膨松面团制品	油蛋糕
			泡芙面团制品	奶油炸糕
	油酥面团制品	层酥面团制品		龙眼酥
		混酥面团制品		桃酥
		浆皮面团制品		广式月饼
米及米粉团制品	米团制品	干蒸米团制品		八宝饭
		盆蒸米团制品		凉糍粑
		煮米团制品		珍珠圆子
	米粉团制品	团类粉团制品	生粉团制品	豆沙麻圆
			熟粉团制品	三鲜米饺
		糕类粉团制品	松质糕	白松糕
			黏质糕	年糕
		发酵粉团制品		米发糕
其他面团制品		澄粉团制品		莲蓉水晶饼
	杂粮类面团制品	谷类杂粮面团制品		玉米窝窝头
		豆类杂粮面团制品		豌豆黄
		薯类杂粮面团制品		火腿土豆饼
		果蔬类面团制品		枣泥马蹄饼
		羹汤类面团制品		椰汁西米露
		冻类制品		杏仁豆腐

第三节 面点的风味流派

受历史、地理、政治、经济、文化、原料、贸易等诸多因素的影响，产生并形成了不同的面点风味流派。我国具有代表性的面点风味流派主要有京式面点、广式面点、苏式面点和川式面点等。

京式面点

京式面点系指黄河以北的大部分地区制作的面点，包括东北、华北等地所制作的面点，以北京面点为代表，故称京式面点。京式点心擅长以面粉、杂粮为主要原料，馅心口味甜咸分明，口感爽滑筋道。肉馅多用水打馅，不掺皮冻，咸鲜细嫩。京式小吃随季节变化的特点较明显，特别是清宫面点，更是技艺精湛、丰富精细、脍炙人口。富有代表性的品种有：“四大面食”（抻面、削面、拨鱼面、小刀面）、清宫三小件（豌豆黄、芸豆卷、小窝头）、驴打滚儿、豆汁儿、爆肚、炒肝、卤煮、炸酱面、天津狗不理包子、耳朵眼炸糕、十八街大麻花、都一处三鲜烧卖、银丝卷、京八件等。

风味腊肠卷

紫金蒸凤爪

南国榴莲酥

上汤鲜水饺

广式面点系指珠江流域及南部沿海地区制作的点心，以广东为代表，故称广式面点或广东点心。广式面点选料广博，技法融贯中西，品种花色多样，口味清鲜。一般皮质较软、爽、薄，所用酵面较松，用蓬松剂较多，皮坯中使用糖、蛋、油较多，擅长制作米及米粉制品。广式甜点近似西点，部分咸点近似菜肴。富有代表性的品种有：薄皮鲜虾饺、娥姐蒸粉果、莲蓉甘露酥、蟹黄干蒸卖、椰丝糯米糍、千层酥蛋挞、蜜汁叉烧包、豉椒蒸凤爪、五香蒸百叶、牛肉炒河粉、皮蛋瘦肉粥、荷香糯米鸡、广式月饼等。

虾仁滑肠粉
安虾咸水角
荷香糯米鸡
吉士奶黄角
潮州蒸粉果
蜜汁叉烧包

苏式面点

苏式面点系指长江中下游地区江、浙、沪一带制作的点心，以江苏面点为代表，故称苏式面点。苏式面点制作精细，讲究色香味形，口味鲜美多汁，风味独特。皮坯以米、面为主，大多数品种具有皮薄、馅大、汁多的特点，讲究造型，技术要求高。馅心口味或咸甜或香甜，不少品种使用熟馅，富有独特风味；生馅中不少掺有皮冻，故汁多味浓；甜馅多用果料、蜜饯之类，口味甜香。富有代表性的品种有：象形船点、花式蒸饺、淮安文楼汤包、扬州富春茶社的三丁包子、翡翠烧卖、千层油糕、糯米烧卖、蟹黄包子、黄桥烧饼、五仁月饼、青团、定胜糕、阳春面等。

川式面点

川式面点系指四川各地的风味面点小吃，以成都的为代表，故又称成都小吃或四川小吃。川式面点源于民间，历史悠久，风格独特，地方风味浓郁。川式面点用料广泛，以米、面为主，兼用杂粮。制法多样，讲究调味，尤其擅长麻辣味。在复合味调制方面，讲究一味为主、他味相辅，各味兼备，相得益彰，一菜一格，百菜百味。富有代表性的品种有：龙抄手、钟水饺、赖汤圆、韩包子、夫妻肺片、担担面、珍珠圆子、叶儿粑、牛肉焦饼、甜水面、波丝油糕、蛋烘糕、凉糍粑、三合泥、川北凉粉、金丝面等。

三合泥 蛋烘糕 赖汤圆 韩包子 龙抄手 珍珠圆子 钟水饺 蒸蒸糕 担担面

第四节 面点的作用

学习面点，一定要了解面点的主要作用是什么，只有这样，才能更好地学习和应用。

民以食为天，让人们吃好，吃得有营养，膳食结构更合理，这是学习面点制作的主要作用和最终目的。具体地讲，面点的作用体现在以下几个方面：

（1）面点是中国烹饪不可分割的重要部分。在中国烹饪界，面点占有非常重要的地位。面点不仅可以与菜肴紧密配合，同时也可以独立存在。

（2）面点与人们的生活息息相关。面点丰富了人们的生活，方便了群众，还可带动相关行业发展，增加就业，进而促进社会的发展。

（3）面点制品是人们生活所必需的。面点具有较高的营养价值，提供了人们所必需的能量及营养；面点平衡了膳食结构，使人们的饮食更加科学。

（4）丰富了中国烹饪文化。面点品种繁多、风格各异、口味丰富，满足了不同层次消费者的需求。

1. 名词解释

（1）面点。

（2）广式面点。

2. 填空题

（1）龙抄手是__________这一面点风味流派的代表性品种之一。

（2）京式面点中“四大面食”是指__________、__________、__________、__________。

3. 简答题

（1）中式面点的特点有哪些？

（2）面点的作用有哪些？

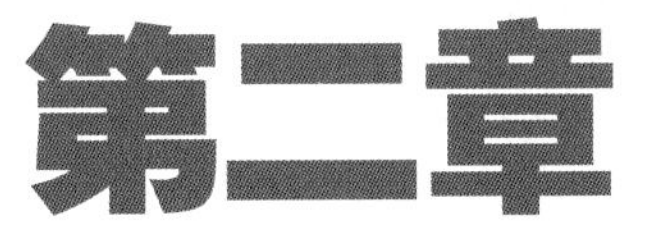

认识面点房和面点厨师

MIANDIAN GONGYI

教学目的

通过本章的学习，让学生认识面点房的岗位设置、流程及职责，了解面点房的布局设计等知识；认识餐饮行业面点师的职业规范；掌握相关的理论知识和要点，并能在实际操作中加以运用。

教学安排

10课时，其中课堂讲授6课时，参观学习4课时。

面点房又称点心房、小吃部等，是指加工面点的厨房，是酒店及餐饮企业后厨的重要组成部分之一。

一般而言，面点房独立设置，配备专门的面点器具设备及原料，安排一定数量和相应岗位的面点厨师，负责每天的主食、点心、小吃等的制作。有些面点房还根据运营安排，协助其他厨房（如热菜厨房、凉菜厨房等）加工部分食品。

第一节 面点房的岗位设置及职责

在酒店及相关餐饮企业中，面点岗位占有重要的位置。由于每天生产的面点品种多、数量大，为了各司其职、提高效率、激励员工进而满足产销的需要，大部分面点房岗位都进行了适当的分工，这样不仅可以提高工作效率，也可以使产品的质量得到保证。我国大多数面点房在设置面点岗位时，以面点制作的一般工艺流程为主线，按岗设人，如京式面点、苏式面点和川式面点等风味流派均以此为主。广式面点（两广、海南和港澳台地区）这方面的分工和全国其他流派的区别较大。这里结合全国大部分地区的情况，分别介绍和说明。

一、大多数面点房的面点岗位设置

我国大多数面点房的面点岗位设置情况如图2.1所示。其面点房布局也按照面点岗位设置安排，见图2.2。

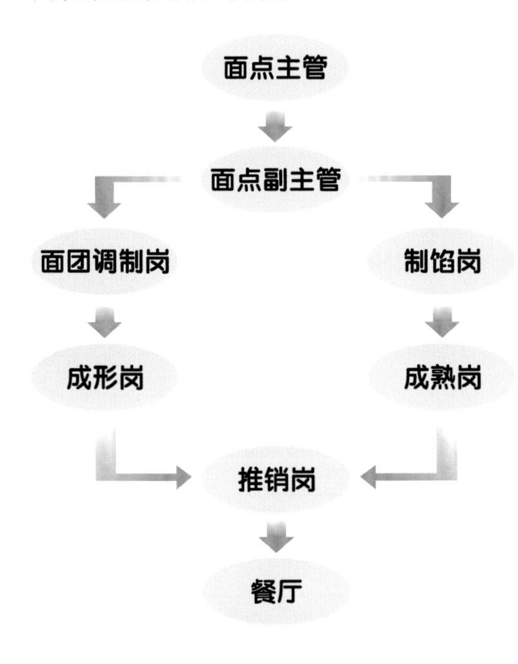

图2.1 面点各岗位分工流程图（一）

面点各岗位职责如下：

1. 面点主管

面点主管是面点部门的负责人，应具有比较丰富的专业理论知识和较高的实际操作水平，具有组织、协调、安排本部门所有工作的能力，在单位相应的岗位上具有较高的声誉。能通晓各个档次的中（西）式面点制作技术，懂得高级宴会点心的设计制作，了解不同民族的饮食习惯以及一些常接待国家客人的饮食习俗，制作的点心能保证色、香、味、形俱全；熟悉不同原料的产地及产季，掌握各种原材料的性能、用途、特点及加工、保管、鉴别方法；把好质量关，正确地进行成本核算及成本控制；制定产品的规格，做好下属员工的培训工作，不断提高本部门所有工作人员的业务知识水平和实际操作能力。

其主要职责具体是：

（1）通晓面点的加工过程，能按工艺工序要求，妥善安排工作细节，能推出新面点。

（2）负责面点副主管的工作安排和工作细节指导，组织领用原材料，做好所有食品的准备工作，督导员工。

（3）掌握面点的生产质量要求和标准，有效地控制成本。

（4）熟悉原材料的产地、种类、特点，控制面点的成本，检查库存情况，确保用料充足，不浪费。

（5）接受订单，分派员工有条不紊地加工出品，保质保量。

（6）负责收集客人对面点的建议，不断改正、提高自身素质。

（7）善于言谈，积极与各部沟通，保证出品的卖相，确保出品适销对路，保证设施设备的正常运转。妥善处理突发事件。

（8）检查员工的仪容仪表、个人卫生、环境卫生、食品卫生。

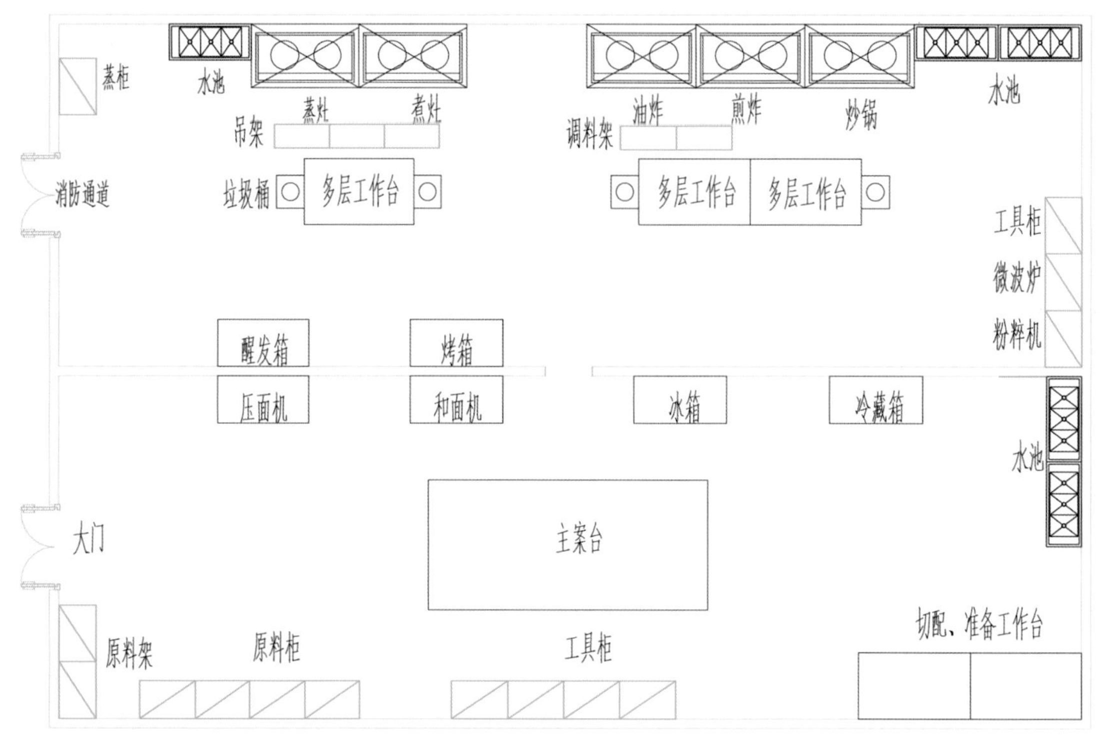

图2.2 川式（内地）点心房布局

（9）关心员工生活，知人善用，给予有效督导，及时提供必要的工作指导。切实地调动员工的工作积极性。

（10）监督下属员工及时关闭水、电、气，确保厨房安全。

（11）准确传达上级的工作指令，完成厨师长布置的其他工作。

2. 面点副主管

面点副主管是本部门负责人的助手，在主管不在岗时，能代替相应的职位。具有一定的专业理论知识，能协助主管做好本部门的生产和管理工作，能根据不同季节开出相应的点心单。熟悉各种点心制作的主要原理，掌握从面团调制到成熟装盘的各操作程序，能熟练地制作中（西）式点心，能合理控制成本，协助主管做好技术骨干人员的培养。

其主要职责具体是：

（1）服从面点主管的工作安排和指导，领用原材料，做好准备工作。

（2）掌握面点生产质量、要求和标准，掌握原材料的选用、保管知识，负责检查并保证使用中的原材料没有变质；离开时检查食品的存放状况。

（3）以身作则，努力掌握自身岗位的各种烹饪技能，协助提高下属员工的工作技能，把培训贯穿在平时的工作当中。协助面点主管不断改进制作工艺，使之有机合理地与当地风味特色相结合。

（4）注重个人卫生，上班前检查好自身及下属员工的仪容仪表和面点间及明档环境的卫生状况。亲自对购买回的原料进行检查验收。

（5）经常检查所属区域的设施设备是否正常运转，监督下属员工定期检查清理冰柜，保证食品储存良好。

（6）确保面点间的用具、环境、食品的消毒工作，保障食品出品的卫生安全。

（7）完成面点主管下达的其他工作。

3. 面团调制岗

面团调制往往是制作面点的第一个步骤，其操作质量如何，对整个面点影响很大。操作者应了解各种皮坯原料的性能和用途。

其主要职责具体是：能根据面点的品种正确地调制各种符合要求的面团，熟悉常用辅助原料的性质，掌握多种点心制作工艺，具有较高的基本功。

4. 成形岗

该岗位人员是本部门各师傅的主要助手。

其主要职责具体是：懂得一般面团的调制方法和常用馅心的调制，掌握多种成形技法，多种花式包捏与制作，根据面点的制作要求加工制作面点生坯。

5. 制馅岗

调制馅心是制作面点的重要工序之一，面点好吃与否，很大程度上在于馅心的口味。其主要负责制馅原料的选择、切配、拌制或炒制各种生、熟馅心。

其主要职责具体是：熟练制作各种生、熟馅，做到质优、味美可口；熟悉各个季节的原料性能和用途、加工处理方法，发挥原料的最大使用率，及时安排和提供时令馅心，管理好各种制馅原料、控制成本；懂得原、辅料的再加工，对半成品和生、熟馅的剩余能作出处理方案，切实保障食品卫生和环境卫生。

6. 成熟岗

熟制是面点制作的最后一道工序，也是决定性的一个环节。该岗位主要负责将各种点心生坯运用不同的加热方法使其成为色、香、味、形俱佳的熟制品。

其主要职责具体是：能熟练地运用各种加热设备（如正确使用现代炉灶设备，如微波炉、电磁炉等），正确地识别油温；掌握不同烤制品的炉温要求及烤制时间、不同蒸制品的成熟时间等；熟练运用多种加热方法，使制出的成品符合面点制品所特有的要求。

7. 推销岗

主要负责食品的推广宣传和销售工作。

其主要职责具体是：根据不同的客户群体和消费水平进行推广和宣传，再结合点心本身的特点进行组合、装盘、装饰或包装。应做到根据菜单的要求，有序地发放食品，保证食品的规格、质量、数量、品种符合宾客的要求；主动向服务人员介绍新款点心以便餐厅人员及时向客人推销，对待工作人员要热情礼貌，有问必答；切实做好点心的保温、保管工作，搞好食品、用具、环境以及个人的清洁工作。

二、两广、海南、港澳台地区面点房的面点岗位设置

这些地区面点房的面点岗位设置和分工与全国其他地域的区别较大，两广、海南、港澳台地区各面点岗位分工流程如图2.3所示，其面点房布局见图2.4。

两广、海南、港澳台地区各面点岗位职责如下：

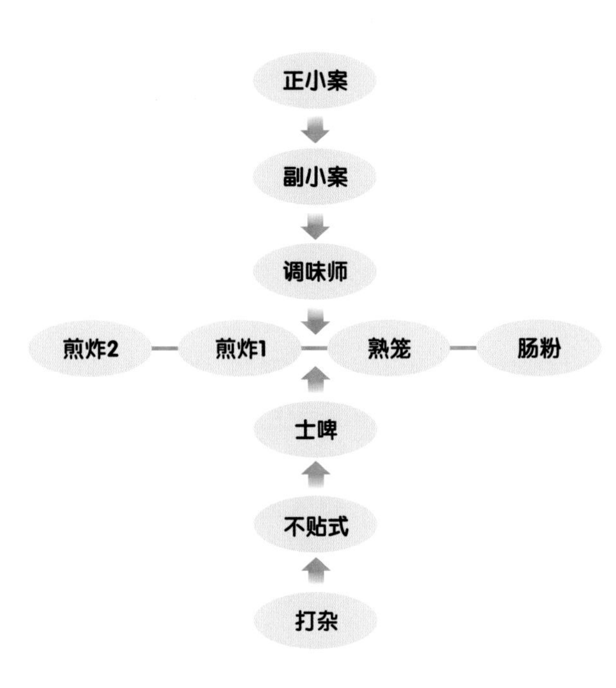

图2.3 面点各岗位分工流程图（二）

1. 正小案

其主要职责具体是：负责点心部一切出品监控、研究出品，负责对内、对外的有关行政工作，调动分配各岗人员，对工作卫生实行监控、教导。

2. 副小案

其主要职责具体是：协助正小案处理日常内部行政工作，正小案休假时执行其工作任务。

3. 调味师

其主要职责具体是：负责点心馅类、肉类调味工作，及执行各类点心上碟、上笼大约斤两监控，预算每天生产所需数量。

4. 士　啤

其主要职责具体是：负责晚市所有出品，执行晚市酒席甜点工作。

5. 煎炸1

其主要职责具体是：负责煎炸档所有出品，如各种熟馅、各款糕点，预算每天生产量。

6. 熟　笼

其主要职责具体是：负责熟笼档所有出品及蒸各款糕点、包点。

7. 肠　粉

其主要职责具体是：负责肠粉档所有出品。

8. 煎炸2

其主要职责具体是：晚市煎炸、熟笼、肠粉各岗位休假时顶替其工作。

9. 不贴式

其主要职责具体是：负责日常各种点心上碟，搬运各类点心，顶替各休假岗位。

10. 打　杂

负责协助不贴式日常工作，配货上料，清洁各种机器设备和厨房的环境。

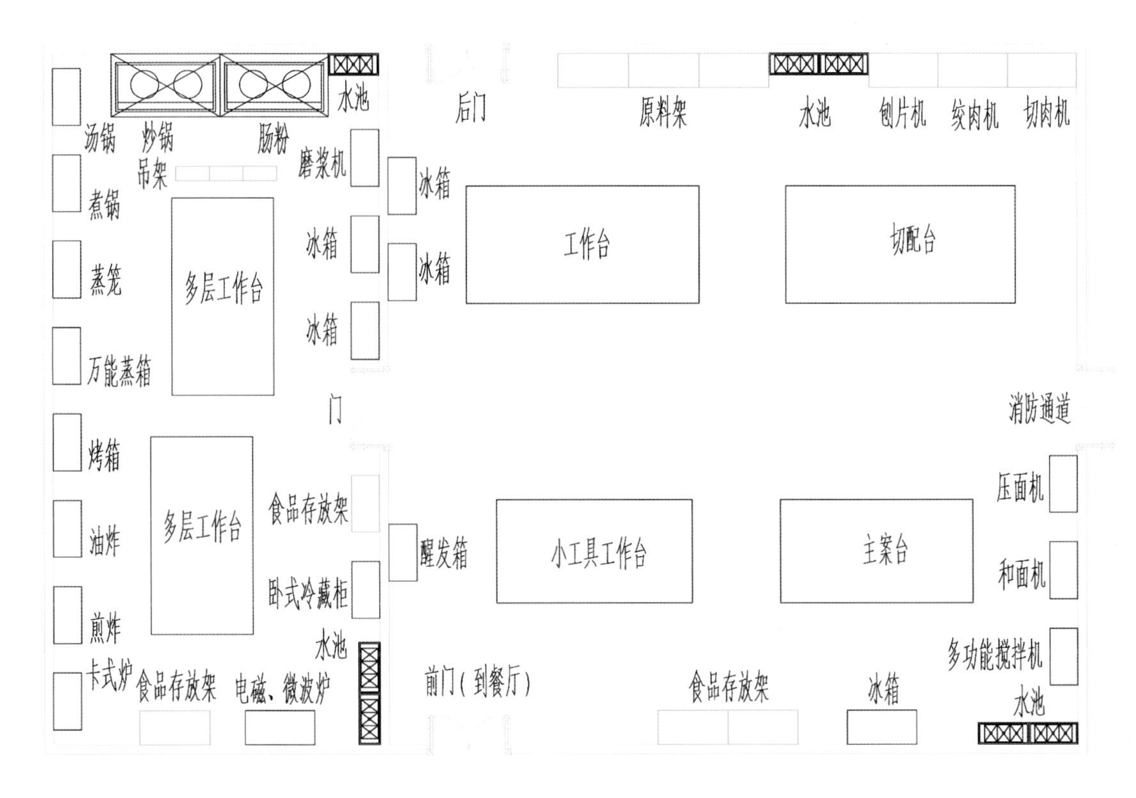

图2.4 广式点心房布局

第二节 面点房布局设计

面点房设计的科学性与合理性，不仅直接影响到饭店的直接建设投资和近期生产出品的质量，而且对面点房生产规模和产品结构调整还会产生长远的影响，对面点房员工的工作效率和身心健康均发挥着不可低估的作用。

一、面点房布局设计的意义与原则

面点房布局设计是指根据餐饮企业经营需要，结合其他操作间以及餐厅、库房等相关位置，对面点房各功能所需面积进行分配、所需区域进行定位，进而对各区域、各岗位所需设备进行配置的统筹计划、安排工作。具体指根据面食、点心的加工需要，面点房要求单独分隔或相对独立，要配有充裕的加工区域和操作台，足够的蒸、煮、烤、炸等加热设备，抽排油烟、蒸气效果要好，便于与出菜沟通，便于监控、督查。

一般来说，影响面点房设计布局的因素有以下几个：

（1）整个厨房和面点房的建筑格局和规模。

（2）面点房的生产功能。

（3）公用设施状况。

（4）政府有关部门的法规要求。

（5）投资费用。

面点房工作流程即面点房从原料进入到成品发出一系列循序渐进的作业步骤。面点房布局设计必须有利于面点房工作流程的顺利开展，保证面点制作。一个好的面点房布局设计，是保证其生产特定风味的前提，是出口速度和质量的保障，是提供良好就餐环境的基础。因此，面点房布局设计必须满足以下几个原则：

（1）保证工作流程连续顺畅，最好能满足其流水化操作要求。

（2）和厨房各部门尽量安排在同一楼层，并力求靠近餐厅。

（3）注重食品卫生及生产安全。

（4）设备尽可能兼用、套用，集中设计各种加热设备。

（5）留有调整发展余地。

二、面点房整体与环境设计的思路

面点房整体与环境设计即根据面点房生产规模和生产风味的需要，充分考虑现有可利用的空间及相关条件，对面点房的配备进行确定，对面点房的生产环境进行设计，从而提出综合的设计布局方案。

1. 面点房面积的确定方法

在确定面点房面积时，可以从以下几个方面考虑：①原材料的加工作业量；②经营的面点流派与风味；③面点房生产量的多少；④设备的大小、操作顺序与特点以及空间的利用率；⑤面点房辅助设施状况。

一般来说，面点房总体面积的确定方法主要有三种：

（1）按餐位数计算厨房面积：面点快餐连锁餐厅一个餐位需0.25～0.35平方米（考虑到中央厨房中的面点品种初步加工所占的平均面积）。特色面点小吃店需0.3平方米，其他需0.25～0.4平方米。

（2）按餐厅、厨房面积来计算面点房面积：国外面点房一般占餐厅面积的20%～30%，占厨房面积的50%；我国面点房占餐厅面积的25%，占厨房面积的40%。

（3）按餐饮区面积比例计划厨房面积：厨房一般占21%，面点房占10%。

2. 面点房环境布局

面点房环境布局设计是对员工良好工作氛围的营造，主要指对面点房通风采光、温度湿度、地面墙壁等构成员工工作、面点房生产环境方面的相关设计。主要涉及面点房的高度、顶部、地面、通道、照明、噪音、温度、湿度、通风、排水等诸多方面。

因此，面点房常见的环境布局有以下几种：

（1）直线型布局。这种布局适用于高度分工合作、场地面积较大、相对集中的大型餐馆和饭店的面点房。所有炉灶、炸锅、烤箱等加热设备均作直线型布局。通常是依墙排列，置于一个长方形的通风排气罩下，集中布局加热设备，集中吸排油烟，每位厨师按分工相对固定地负责某些面点、小吃的烹调熟制，所需设备和相关工具均分布在附近。

（2）相背型布局。这种布局把主要烹调设备，如加工成形设备和蒸煮设备分别以两组的方式背靠背地组合在面点房内，中间以一矮墙相隔，置于同一抽排油烟罩下，厨师相对而站，进行操作。

（3）L型布局。这种布局通常将设备沿墙设置成一个犄角形，通常是把煤气灶、烤炉、扒炉、烤板、炸锅、炒锅等常用设备组合在一边，把另一些较大的设备组合在另一边，两边相连成一犄角，集中加热排烟。

（4）U型布局。这种布局是将工作台、冰柜以及加热设备沿四周摆放，留一出口供人员、原料进出，甚至连出品亦可开窗从窗口接递。

第三节 餐饮行业面点师职业规范

面点师职业规范是指面点师在从事面点工作时所要遵循的行为规范和作为一个合格的面点师所必备的基本素质，主要表现在职业道德、基础知识和专业素质等三个方面。

一、职业道德

职业道德是指人们在职业生活中所应遵循的道德规范和行为准则，它包括道德观念、道德情操和道德品质。面点师的职业道德是指面点师在从事面点制作工作时所要遵循的行为规范和必备的品质。作为一名面点制作人员，除了应该遵循社会主义的道德规范和行为准则外，还必须对饮食行业职业道德进行了解并遵循其规范和准则。基本要求有：① 忠于职守，爱岗敬业。② 讲究质量，注重信誉。③ 尊师爱徒，团结协作。④ 积极进取，开拓创新。⑤ 遵纪守法，讲究公德。

二、基础知识

一个合格的面点师，需具有餐饮专业基础知识，通晓食品营养卫生学，熟知餐饮相关的法律法规和制度，且具有食品成本控制、安全生产的相关知识。

1. 饮食卫生知识

（1）食品污染。

（2）食物中毒。

（3）各类烹饪原料的卫生。

（4）烹饪工艺卫生。

（5）饮食卫生要求。

（6）食品卫生法规及卫生管理制度。

2. 饮食营养知识

（1）人体必需的营养素和热能。

（2）各类烹饪原料的营养。

（3）营养平衡和科学膳食。

（4）中国宝塔形食物结构。

3. 饮食成本核算知识

（1）饮食业的成本概念。

（2）出材率的基本知识。

（3）净料成本的计算。

（4）成品成本的计算。

4. 安全生产知识

（1）厨房安全操作知识。

（2）安全用电知识。

（3）防火防爆安全知识。

（4）手动工具与机械设备的安全使用知识。

三、专业能力

面点厨师是能运用传统或现代的成形技术和成熟方法，对面点的主料和辅料进行加工，制成具有一定营养价值且色、香、味、形、质俱佳的各种主食、小吃和点心的人员。因此，面点师应具有以下专业能力：① 选料配料能力；② 面团调制能力；③ 馅料调制能力；④ 面点成形能力；⑤ 面点成熟能力；⑥ 面点装盘能力；⑦ 面点配备能力；⑧ 面点营销能力；⑨ 面点创新能力。

第四节 面点厨师仪容仪表要求

仪容即人的容貌，仪表即人的外表，仪容仪表包括服饰和容貌等方面，是一个人精神面貌的外观体现。酒店员工的仪容仪表不仅展示了其职业素养，也代表了酒店的形象，体现了对他人的尊重和礼貌，从而将最终影响酒店的经济效益与声誉。因此，整洁优雅的仪容仪表是对每个员工的基本要求。由于面点厨师以加工、制作食品为主，所以在仪容仪表上有特殊的要求，具体要做到以下几点：

1. 头　发

（1）不能过长。男厨师要求前不过眉，侧不过耳，后不压领；女厨师要求前不遮眼，侧不盖耳，后不过肩，长发盘起于脑后系头花或放于发网内。头发要常洗，保持整齐、简洁、色黑、光亮，无头屑，不染发（染黑除外）。

（2）厨师上岗必须戴厨师帽，并且要求头发全部包在厨师帽内。在进入工作区域前要求对工装和头发进行检查。

2. 面　部

（1）面部必须干净，女厨师不化妆或化淡妆，男厨师不留须。

（2）明档和直接接触客人的操作人员必须戴口罩（鼻孔不外漏）。

3. 手　部

（1）手部表面干净、无污垢。

（2）指甲外端不准超过指尖，指甲内无污垢，不准涂指甲油。

4. 工　装

（1）上班时必须做到“四齐”上岗，即厨师服（含汗巾、围裙）、厨师帽、工作裤、工作牌要穿戴整齐，且干净整洁、无异味、无褶皱、无破损。

（2）工装只能在工作区域或相关地点穿戴，不得穿工装进入作业区域以外的地域。严禁厨师穿着工装外出，工作服应勤洗涤、勤更换，要经常保持工装的平整洁净。

5. 鞋　子

（1）穿酒店按岗位配发的工鞋，工鞋应清洁光亮。酒店未配发的，一律穿着防滑耐磨的黑色皮鞋，不得穿凉鞋、拖鞋、水鞋等。

（2）男鞋后跟不能高于3厘米、女鞋后跟不能高于6厘米。

6. 袜　子

要求颜色为黑色或深蓝色。无破洞，裤角不露袜口。

7. 饰　物

不得佩戴手表以外的其他饰物（结婚戒指除外），且手表款式不能夸张。

1. 名词解释

（1）面点副主管。

（2）不贴式。

（3）L型布局。

2. 填空题

（1）副小案的主要职责具体是：协助正小案处理日常内部__________，正小案__________时执行其工作任务。

（2）上班时必须做到“四齐”上岗，即厨师服、厨师帽、工作裤、__________要穿戴整齐，且干净整洁、无异味、无褶皱、无破损。

（3）面点房有以下几种环境布局：__________、__________、__________、__________。

3. 简答题

（1）面点房布局设计的意义是什么？

（2）一个合格的面点师所应具备的职业道德是什么？

第三章

认识面点原料

MIANDIAN
GONGYI

教学目的

通过本章的学习，让学生了解面点原料的相关知识，掌握其用途和和应用的技术要领。

教学安排

6课时，课堂讲授6课时，或课堂讲授4学时、参观学习2学时。

在人类漫长的发展历程中，人们培植加工出种类繁多、风格各异的面点原料，这些原料为面点制作提供了良好的物质保证。总体而言，面点原料要求无毒、无害、有一定的营养价值，符合面点制作的需要，以保证制作出的面点既能满足人们的口腹之欲，也能符合食品安全要求，并可以满足人们的营养摄取要求。

第一节 面粉、大米、淀粉类原料

一、面粉（flour）

面粉是面点制作的主要原料之一。小麦经磨制加工即成为面粉，面粉的化学成分主要为蛋白质（约占面粉的10%～14%）和淀粉（约占面粉的67%），以及少量的可溶性糖、灰分、维生素、酶和水分等。

面粉根据加工精度，可分为富强粉、标准粉和普通粉等；根据用途，可分为面包粉、饺子粉、糕点粉和蛋糕粉等；根据面筋蛋白质的含量或湿面筋生成量，可分为高筋粉、中筋粉、低筋粉等。

面粉加水调制成团，然后将面团在水中搓洗，使面团中的淀粉、可溶性蛋白质、灰分等脱离面粉而悬浮于水中，最后剩下一团灰色的，具有较强弹性、韧性和延伸性的软胶状物质，即为湿面筋，常简称为面筋。湿面筋实为面筋蛋白质遇水溶胀的产物，所含水分约为65%。将湿面筋脱水即可得到干面筋。

1. 高筋粉（high-gluten flour）

高筋粉又称强筋粉、强力粉、包粉，通常情况下，湿面筋含量在35%以上的即为高筋粉，适合制作面包等面点品种。

2. 中筋粉（middle-gluten flour）

中筋粉又称中力粉，湿面筋含量在26%～35%，适合制作馒头、面条等面点品种。

3. 低筋粉（low-gluten flour）

低筋粉又称弱力粉、糕粉，湿面筋含量在26%以下，适合制作饼干、蛋糕等面点品种。

快速区分高筋粉和低筋粉的小窍门

看颜色，颜色偏黄的是高筋粉、偏白的是低筋粉；捏细腻程度，略粗糙的是高筋粉，略细滑的是低筋粉；用力捏一把面粉，然后松开手指，容易崩散的是高筋粉，容易成团的是低筋粉。

稻谷经碾制脱壳即成大米。大米按照米质的不同，可分为籼米、粳米、糯米和特色米。

1. 籼米（indica rice）

籼米粒形细长、颜色灰白、半透明，是我国产量最多的一类大米，主要产区在四川、湖南和广东等地。籼米直链淀粉含量很高，胀性好，出饭率高，但黏性小，口感较粗糙，适合制作干饭、稀粥，也可磨制成粉后制作松质米糕和发酵米团制品等，或用作粉蒸类菜肴的辅料。

2. 粳米(rice)

粳米又称珍珠米、粘米，粒形短圆、色泽蜡白、透明或半透明，我国主要产区在东北、华北和江苏等地。粳米黏性略大于籼米，柔软可口，食味较籼米香甜，但出饭率低于籼米，通常用于制作干饭和稀粥，也可磨制成粉制作米糕等。

3. 糯米(glutinous rice)

糯米又称酒米、江米，有籼糯和粳糯之分，我国主要产区在江苏、浙江等地。籼糯粒形长圆，粳糯粒形短圆，二者支链淀粉含量高，白色不透明，煮熟后透明、黏性强，但胀性小、出饭率低。糯米一般不用于制作主食，主要用于制作糕点或磨粉制作黏糯性较强的点心、小吃等。

4. 特色米

人们还培育出黑米、香米等特色米。香米具有独特的芳香味，常用于制作干饭和稀粥等；黑米又称紫米，通常呈黑紫、紫红等色，常用于制作甜食、粥品、小吃等。

三、淀粉类原料

淀粉类原料主要包括澄粉、粟粉、西米等原料。

1. 澄粉（wheat starch）

澄粉，也称澄面、汀面、汀粉、小麦淀粉。加工过的面粉用水漂洗过后，把面粉里的粉筋与其他物质分离出来，粉筋制成面筋，剩下的就是澄粉。澄粉色白而细滑，因其成分为淀粉，故常用沸水将其调制成团，面团可塑性极佳，常用于制作象形面点或特色面点。其制品成熟后皮坯呈半透明状，蒸则爽滑，炸则酥脆。

2. 粟粉（corn starch）

粟粉也就是玉米淀粉，是将玉米通过浸渍、破碎、过筛、沉淀、干燥、磨细等工序而制成的淀粉。粟粉洁白细滑，吸水性强，最高能达30%以上，因此常用于勾芡。在面点制作中，还常与澄粉配伍调制面团，以增加澄粉团的吸水性，从而增强皮坯爽滑、富有弹性的特点。

3. 西米（tapioca，sago）

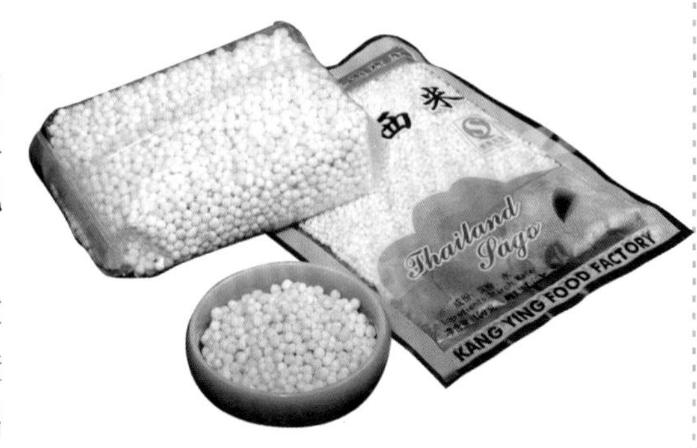

西米，又称西谷米、沙谷米，最为传统的西米是由西谷椰树的木髓部提取的淀粉，经过手工加工制成，故名。现在市售西米，多为多种淀粉混合制成，大西米如豌豆大小，小西米如高粱米大小。优质西米色白，耐煮，成熟后透明，质糯爽滑。西米通常要先入沸水锅中煮至透明，然后入冷水浸漂，再捞出备用。可与椰汁、牛奶等制作成羹汤，也可与其他淀粉调团，制作饼、饺等工艺面点，还可与凝胶类原料搭配制作冻类制品等。

第二节 杂粮类原料

杂粮类原料主要包括谷类杂粮、豆类杂粮和薯类杂粮等原料。

一、谷类杂粮

谷类杂粮是除面粉和大米之外的制作面点的常用原料，主要包括玉米、高粱、小米、荞麦、莜麦等。在面点制作中，谷类原料可直接制作干饭或稀粥，也可磨制成粉用于制作糕点。

1. 玉米(corn)

玉米又称苞谷、苞米、棒子、玉蜀黍等，我国主要产区在东北、华北和西南地区。玉米含有大量的淀粉和部分蛋白质，还有不饱和脂肪酸、维生素E和谷氨酸等，但色氨酸和赖氨酸含量较低。在面点制作中常利用玉米粉，玉米粉可制作窝头等品种面点，也可掺和面粉后制作各式发酵类糕点和面条、饼干等，或掺和糯米粉等制作黏食等。

2. 高粱(sorghum)

高粱主要产于我国东北地区，按颜色，可分为白、黄、红、黑等品种，白高粱品质最好。按性质，可分为粳高粱和糯高粱两种。粳高粱米可制作干饭、稀粥等，糯高粱米磨成粉后可制作糕、团、饼等。高粱也是酿酒、酿醋、加工淀粉和饴糖的原料之一。

高粱米中脂肪含量和铁的含量均高于大米，但高粱皮层较厚，含有大量纤维素和鞣酸，如加工过粗则会发红、味涩，妨碍人体对蛋白质的吸收。

3. 小米(millet)

小米又称谷子、黄粱、粟米，是将谷子（即粟）碾制脱壳制成的。主要产区为山东、河北、西北和东北等地，以白小米和黄小米最常见。小米中硫胺素和核黄素含量丰富，还含有少量的胡萝卜素。小米可单独制作或掺和大米制作干饭和稀粥，也可以磨成粉单独或掺入其他粉料制作饼类、窝头、发糕等。

4. 荞麦（buckwheat）

荞麦又称乌麦、三角麦，分为甜荞和苦荞两种。荞麦的蛋白质、硫胺素、核黄素、铁等含量丰富，还含有较丰富的维生素P。甜荞色白、口感好，但在保健方面，苦荞更胜一筹，其降血脂、降血糖、软化血管等功效明显。荞麦通常磨制成粉后制作面点，也可掺入其他粉料制作各种食品。

5. 莜麦(avena nuda)

莜麦俗称油麦、莜面、油面、燕麦，主要产区为我国西北、东北、西南、内蒙古等地。莜麦是高蛋白粮食品种，含有较多氨基酸，脂肪含量为小麦的两倍，食用后能助人耐饥寒，但食用前应做到“三熟”，即加工时要炒熟，和面时要烫熟，制坯后要蒸熟，否则不易消化。莜麦通常磨制成粉后用来制作独具风味的面点制品，如莜面栲栳栳等。

二、豆类杂粮

制作面点可选用的豆类品种十分丰富，主要有大豆、绿豆、赤豆、豌豆、蚕豆、芸豆等。豆类的营养价值高，蛋白质的质量分数很高，且属完全蛋白质。在面点制作中，豆类可磨制成粉，也可浸泡后加水蒸煮，再加工成风味面点。

1. 大豆(soybean)

大豆有黄豆、青豆、黑豆、杂色豆等品种，我国各地均有栽培，其中东北大豆质量最佳。大豆可鲜食，也可老熟之后食用，用大豆制作的面点有主食、糕点、小吃等种类。大豆炒熟磨粉香味浓郁，可增加制品风味，如制作驴打滚等。

2. 绿豆(mung bean, green gram)

绿豆又称青小豆，我国各地均有栽培。绿豆可与其他豆类熬粥或熬制绿豆汤等，具清热解毒、利尿消肿、消暑止渴等功效。可磨制成粉加工成绿豆粉皮、绿豆糕等，也可制作成绿豆淀粉。

3. 赤豆(adzuki bean, red bean)

赤豆又称红豆、赤小豆、小豆，我国各地均有栽培。红豆可与米、面等掺和制作主食或羹汤等，也可磨制成粉后掺入其他粉料制作糕点。此外，因赤豆淀粉颗粒粗大且外有蛋白质包裹，熟后软糯、沙性大，可制成豆泥，是甜馅红豆沙的主要原料之一。

4. 豌豆(garden pea, sugar pea)

豌豆又称麦豆、麦豌豆、寒豆、毕豆等，其嫩荚常被称为荷兰豆。豌豆的嫩茎、嫩荚及种子均可食用。豌豆通常磨制成粉，可加工糕点、粉丝、凉粉等。豌豆也可蒸煮熟后制泥制作豌豆黄等糕点。

5. 蚕豆(broad bean)

蚕豆又称胡豆、佛豆、川豆、倭豆、罗汉豆等，主要产地为四川、云南、江苏、湖北等地。嫩蚕豆鲜食可通过煮、炒、焖等方式，也可煮熟取泥加工糕点。老豆可炒、煮粥、制糕或制豆酱，也可加工成怪味胡豆等风味小吃。

三、薯类杂粮

薯类杂粮主要包括甘薯、马铃薯、芋艿、山药、木薯等。薯类作物的膨大块根（茎）含有大量淀粉，其蛋白质多属完全蛋白质，营养价值较高。

1. 甘薯(sweat potato)

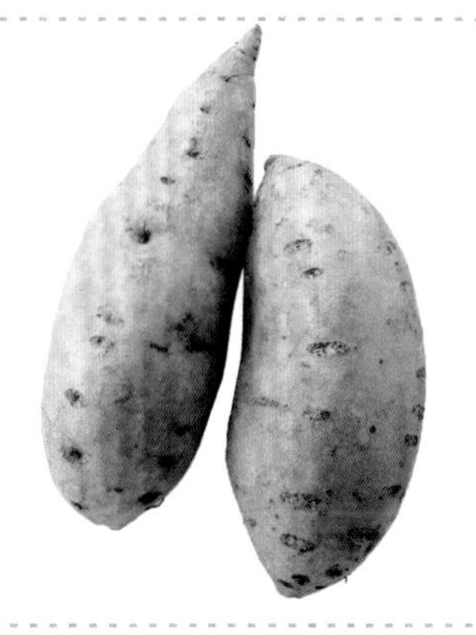

甘薯又称番薯、地瓜、红苕、红薯、白薯、山芋等，我国各地均有栽培，有红心、白心、紫心等多种颜色。红色薯肉糖分高，味甜可口，常鲜食；白色薯肉淀粉含量高，适宜提取淀粉；紫色薯肉微量元素含量高，可鲜食或提取色素。甘薯食用方法多样，可做主食，也可蒸熟制泥掺入其他粉料制作各类面点，制成干粉可加工成粉条、粉皮等。

2. 马铃薯(potato)

马铃薯又称洋芋、土豆、山药蛋等，营养丰富，食用方法多样，可制作炸薯条、薯片，也可熟后制泥加工土豆泥等，还可制泥掺入其他粉料制作各类面点。选择时以块大形匀、皮薄光滑、芽眼浅、肉质细密者为佳。若因储存不当，出现发芽或表皮发绿等情况，马铃薯中的毒素——龙葵素就会成倍增加，食用时应挖掉芽眼，去皮，并加醋烹调至熟，以防中毒。

3. 芋艿（taro）

芋艿俗称芋、芋头等，品种繁多，著名的品种有广西荔浦香芋和台湾槟榔芋等。食用方法多样，蒸、煮、烧、烤等均可，还可制作各类小吃、糕点，也可用于提取淀粉。

4. 山药(greater yam)

山药又称淮山药、怀山药、山薯、土薯，主要产地为河南、山东、河北、山西等地。山药营养价值高，面点制作中常采用蒸熟制泥掺入其他粉料制作糕点的方法加工成特色面点。

5. 木薯(assava，manioc)

木薯又称木番薯、树薯，主要产地为华南地区，以广东、广西和海南最多。其块根可食，可磨木薯粉、做面包、提供木薯淀粉和浆洗用淀粉乃至酒精饮料。在烹饪加工中，需注意食用未经去毒或去毒不完全的薯块常会引起木薯中毒，其原因在于木薯中含有一种亚配糖体，经过其本身所含的亚配糖体酶的作用，可以析出游离的氢氰酸而致人中毒。烹饪时应先去皮，然后切片或切块用清水浸泡，再通过烘烤或蒸煮等方法烹饪至熟方可食用。

第三节 蔬菜类、肉类、果品类原料

一、蔬菜类原料（vegetable）

蔬菜含有丰富的营养，尤其是维生素和矿物质。蔬菜是重要的烹饪原料，根据食用部位分类，可将蔬菜分为叶菜类、茎菜类、根菜类、果菜类、花菜类、芽菜类和其他类等。部分蔬菜类原料是面点制作中重要的馅心原料，面点制作中也可将蔬菜榨汁或制泥掺入粉料内调制面团，既可丰富面团的色泽，也可增加品种的风味及特色。部分蔬菜，如姜、葱、蒜、辣椒等，还可起到重要的调味作用。

叶菜类蔬菜是指以肥嫩菜叶及叶柄作为食用对象的蔬菜。叶菜类蔬菜富含维生素和无机盐，大多数生长期短，适应性强，一年常有供应。面点制作中常用的叶菜类蔬菜有：大白菜、小白菜、菠菜、芹菜、韭菜、芫荽、豌豆苗等。

茎菜类蔬菜是指以肥大的变态茎为食用对象的蔬菜，其中大部分富含糖类和蛋白质。这类蔬菜含水分较少，适于贮藏，其中不少具有繁殖能力，保管不当时，常有出芽状况，须防止。茎菜类蔬菜按其生长状态可分为地上茎蔬菜（如青菜头、蒜薹等）和地下茎蔬菜（如马蹄莲、藕等）。在面点中，茎菜类蔬菜根据各品种的特点可制成多种风味的馅心及别具风味的小吃。

根菜类蔬菜是指以变态的肥大根部为食用对象的蔬菜。根菜类蔬菜富含糖类，比较适于贮藏。面点中常用的有萝卜、胡萝卜等，具有代表性的品种是芝麻萝卜饼、腊味萝卜糕等。

果菜类蔬菜是以果实和种子作为食用对象的蔬菜。按特点，可分为茄果（番茄、茄子、辣椒等）、瓜类（如黄瓜、南瓜、冬瓜等）和荚果（如毛豆、四季豆、豇豆等）。果菜类蔬菜在面点制作中常用于馅心的调制。

花菜类蔬菜是指以植物的花蕾器官作为食用对象的蔬菜。其种类不多，常见的有黄花菜、花椰菜、韭菜花等。花菜类蔬菜特别鲜嫩，其中黄花菜大多数制成干制品。

芽菜类蔬菜是各种谷类、豆类、树类的种子培育出的可以食用的芽、芽苗、芽球、幼梢或幼茎，又称芽苗类蔬菜，如豆芽、香椿苗等，风味独特，清香脆嫩适口，并有特殊的医疗保健功能。其营养成分主要有糖类、脂肪和蛋白质，还有矿物质和维生素等。

二、肉类原料（meat）

肉类原料主要包括畜肉、禽肉和水产等，这类原料可提供人体所必需的多种营养素，是蛋白质、脂肪等营养素的重要来源。在面点制作中，肉类原料是荤馅、荤素馅的重要组成部分，也是某些特色面团（肉蓉面团、鱼虾蓉面团等）的组成部分之一。

畜肉主要是指哺乳类动物的胴体及其副产品和加工品，主要包括猪肉（pork）、牛肉（beef）、羊肉（mutton）、兔肉（rabbit meat）、驴肉（ass meat）等，以及其副产品和加工品。

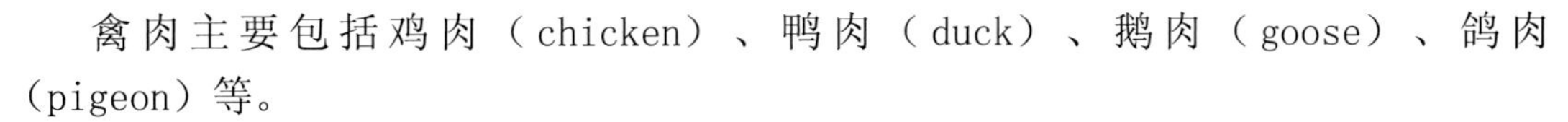

禽肉主要包括鸡肉（chicken）、鸭肉（duck）、鹅肉（goose）、鸽肉（pigeon）等。

水产主要包括淡水鱼类、海水鱼类、虾、蟹、贝类等，尤以鱼类应用较多。

三、果品类原料（fruit）

通常情况下，可将果品分为鲜果、干果和果品制品三大类。

1. 鲜果（fresh fruit）

鲜果通常指新鲜的、可食部分肉质鲜嫩多汁或爽脆可口的植物果实。鲜果含有大量的水分，丰富的单双糖、多糖，维生素和矿物质，此外还含有有机酸和挥发性的芳香物质，但蛋白质和脂肪含量一般较低。在烹调中，鲜果一般适合制作甜食或酸甜、咸甜口味的菜点，因其含有大量的水分和维生素C，高温加热易损失，所以宜采用鲜食、挂糊煎炸或其他快速烹调的方法制作。

2. 干果（nuts）

干果又称果仁，是各类可食干果种子的总称。干果含有丰富的蛋白质和脂肪，还含有糖类、维生素和矿物质，具有较高的营养价值。干果是面点制馅的常用原料，含蛋白质和油脂较高的干果，往往采用烤、炸等方法加工，以体现其香气浓郁、口感酥脆的特点，如五仁馅、百果馅等；含蛋白质和淀粉较高的干果，往往采用煮、烤、炒等方法加工，以体现其口感沙、糯、软、细的特点，如莲蓉馅、栗蓉馅等。

3. 果品制品

果品制品是指以鲜果为原料，经干制、糖煮或腌渍等方法加工而成的制品。根据加工方法的不同，果品制品可分为果干（dried fruit）、果脯蜜饯（preserved fruit）、果酱（jam）、果汁（fruit juice）和水果罐头（fruit can）等五类。

一、油脂（oil）

油脂，是油和脂的总称。通常情况下，人们把常温下呈液态的称为油，常温下呈固态或半固态的称为脂。油脂在面点制作中，可用于馅心的调味，以增加制品风味，提高制品营养价值；也可用于改善面团的特性，改善面点的外观、色泽和质感，使面点制品形成香、酥、脆、松等口感；在成形过程中，适当用些油脂，能降低面团的粘连性，便于操作；油脂还通常用于充当煎炸制品的传热介质。

在面点制作中，常用的油脂有植物油、动物油和动植物油脂的加工品三类。

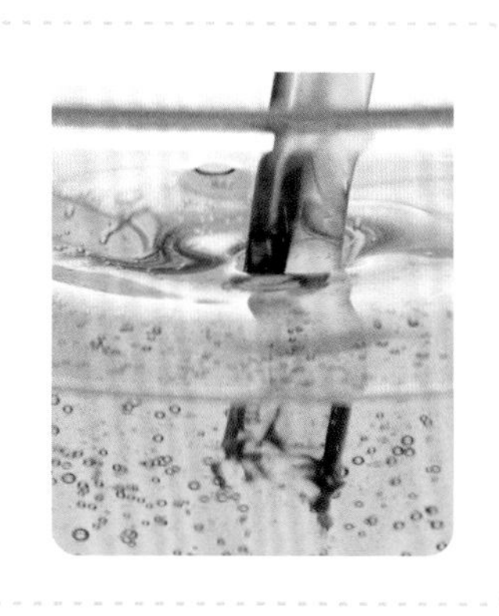

1. 植物油

植物油含有较多的不饱和脂肪酸，其营养价值较动物油高，但工艺性能不如动物油。植物油多用于炸制品，质量与动物油差异不大，只是颜色与香味稍次。另外，在混酥制作中也有运用，如桃酥、麻饼等。常用的植物油有菜籽油、大豆油、花生油、芝麻油、玉米油、橄榄油、葵花油、茶油、棉籽油等。

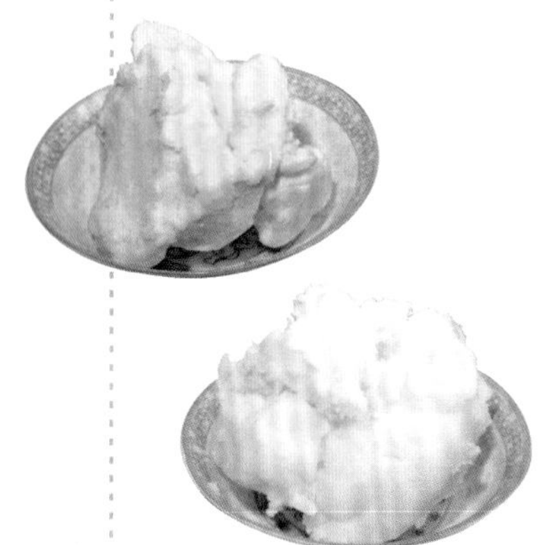

2. 动物油

动物油脂主要有猪油（lard）、牛油（tallow）、羊油（suet）、黄油（butter）等，大多数动物油都具有熔点较高，可塑性、融合性、起酥性好的特点。猪油色白味香，在面点制作中得到广泛应用；黄油（又称奶油、白脱油），是从牛乳中分离加工出来的，有特殊香味，易消化，营养价值较高，常用于酥点制作和面点装饰。同时，奶油具有良好的乳化性，可使制品柔软而富有弹性，且不易硬化；牛油、羊油含饱和脂肪酸较多，熔点稍高，质量不如猪油，且异味较重，所以面点中使用不多。

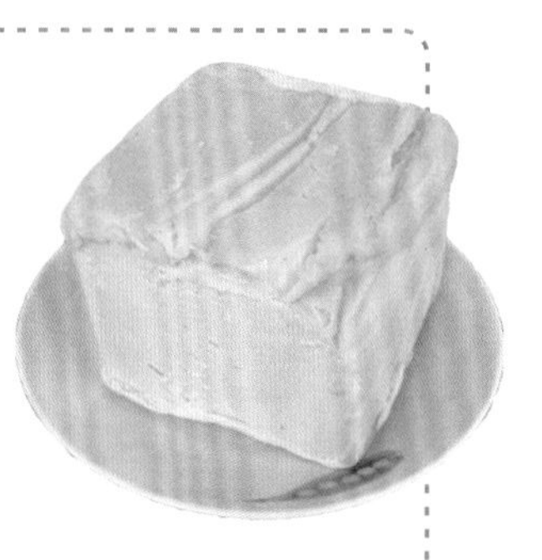

3. 动植物油脂的加工品

动植物油脂的加工品是指以动植物油脂为主要原料，经过进一步加工而成的油脂产品。常用的动植物油脂加工品有氢化油（hydrogenated oil）、人造黄油（margarine）、起酥油（shortening）和色拉油（salad oil）等。

氢化油（又称硬化油）是经过氢化的油脂。人造黄油（又称人造奶油、麦其林、玛琪琳等）是在氢化油的基础上制成的具有天然奶油特色的油脂制品。起酥油是指由精炼的动植物油脂、氢化油或上述油脂的混合物，经急冷、捏合而成的固态油脂，或不经急冷、捏合而成的固态或流动态的油脂产品。油脂经过氢化，不饱和脂肪酸变为饱和脂肪酸，提高了油脂的可塑性、起酥性、稳定性、熔点，被广泛地应用于各类酥点、油脂蛋糕、面包和饼干的制作中。但近年来一些科学研究发现氢化油因为是“假油”，会产生大量反式脂肪酸，成为人类肥胖的最大诱因，会增加心血管疾病、糖尿病等风险，部分国家已开始限制其使用。

色拉油，又称沙拉油、精炼油，是植物毛油经脱胶、脱酸、脱色、脱臭、脱蜡、脱脂等工序精制而成的高级食用植物油。植物油呈淡黄色，澄清、透明、无气味、口感好，用于烹调时不起沫、烟少。植物油可用于煎、炒、炸、凉拌，能保持制品原有的品味和色泽。

二、糖类

糖是面点制作中常用的原料之一，不仅可以作为甜味物质用于调味，还能提鲜、去腥、解腻、和味，在面点制作中，还有改善面团品质的作用。调制面团时加入适量的糖，能起到以下作用：增加制品香甜滋味，提高制品营养价值；改善面点色、香、味、形；调节面筋胀润度，增加面团可塑性和酥松性，还能防止制品收缩变形；在面团发酵过程中，适量的糖能给酵母补充养分，提升发酵速度，缩短发酵时间。

制作面点常用的糖类原料主要有食糖、饴糖、蜂蜜、葡萄糖浆和糖精等。

1. 食糖（sugar）

食糖是用甘蔗或甜菜等制成的，主要以白糖、绵白糖、赤砂糖、块糖、冰糖、方糖、糖粉等形式存在，其主要成分都是蔗糖，是烹饪中应用最为广泛的甜味调料。

2. 饴糖（caramel）

饴糖俗称糖稀、米稀、麦芽糖、胶饴等，是以高粱、米、大麦、粟、玉米等淀粉质的粮食为原料，经发酵糖化制成的食品，其主要成分为麦芽糖和糊精，色泽淡黄而透明，呈黏稠状浆状物，甜度较弱。饴糖在面点制作中可代替部分食糖使用；饴糖还原性强，易与蛋白质类含氮物质起反应产生棕黄色焦糖，具有特有的风味；饴糖还能改善制品的润滑性和抗结晶性，可使制品质地均匀、滋润绵软。

3. 蜂蜜（honey）

蜂蜜，又称蜂糖，是蜜蜂从开花植物的花中采得的花蜜在蜂巢中酿制成的蜜，以稠如凝脂、味甜纯正、清洁无杂质、不发酵者为佳。蜂蜜的主要成分为糖类，其中60%～80%是人体容易吸收的葡萄糖和果糖。蜂蜜营养价值较高，一般用于特色面点的制作。

4. 葡萄糖浆（glucose syrup）

葡萄糖浆又称液体葡萄糖、化学糖稀、淀粉糖浆，是一种以淀粉为原料在酶或酸的作用下产生的淀粉糖浆，主要成分为葡萄糖、麦芽糖、麦芽三糖、麦芽四糖及四糖以上等，为无色或淡黄色的透明浓稠液。其品质和作用与饴糖相似，品质优于饴糖。

5. 糖精（saccharin，sweetener）

糖精，又称假糖，是从煤焦油中提炼出来的人工甜味品，白色结晶粉末，它的钠盐称作糖精钠或溶性糖精，易溶于水，稀水溶液的甜味约为蔗糖的300～500倍。少量无毒，但无营养价值，用量过多会使制品产生苦味。

6. 木糖醇（xylitol）

木糖醇是木糖代谢的正常中间产物，是从白桦树、橡树、玉米芯、甘蔗渣等中提取出来的一种天然植物甜味剂，外形为白色晶体或白色粉末状晶体，常温下甜度与蔗糖相当，低温下甜度达到蔗糖的1.2倍。木糖醇在体内新陈代谢不需要胰岛素参与，又不会使血糖值升高，并可消除糖尿病人的“三多”（多饮、多尿、多食），因此是最适合糖尿病患者食用的营养性的食糖代替品；木糖醇不能被口腔中产生龋齿的细菌发酵利用，可防止龋齿和减少牙斑的产生，巩固牙齿；木糖醇与普通的白糖相比，具有热量低的优势，可被应用于各种减肥食品中，作为高热量白糖的代用品。但木糖醇不能替代葡萄糖纠正代谢紊乱，也不能降低血糖、尿糖和改善临床症状，过量食用木糖醇会使血脂升高，以中国人的体质，每人一天摄入木糖醇的上限是50克。

三、蛋品

蛋品是面点制作的重要原料，蛋黄具有良好的乳化作用，蛋白具有良好的起泡性，蛋液具有良好的黏结性和热凝固性，这些良好的性能使得其用途极广。蛋含有丰富的蛋白质和氨基酸等，可以提高制品的营养价值；蛋品可改善面点制品的色、香、味、形；蛋品还有利于面点的制作，使制品组织细腻，体积增大，蓬松柔软。

蛋品种类较多，常用的有鲜蛋、冰蛋、蛋粉和再制蛋等。

1. 鲜蛋（fresh eggs）

在面点制作中，通常用的鲜蛋都是鲜鸡蛋。鲜鸡蛋胶黏性强，蛋白起泡性好，营养价值高，味道鲜美，是面点制作中最常用的。因鸭蛋、鹅蛋等蛋腥味较重且油脂含量较高，故其鲜蛋使用率较低。

2. 冰蛋（ice egg）

冰蛋是鲜鸡蛋去壳，经过急速冰冻的蛋制品，分冰全蛋、冰蛋黄、冰蛋白三种，质量比鲜蛋稍次。冰蛋使用比较方便，在制作时将其解冻即可使用。

3. 蛋粉（egg powder）

蛋粉是由新鲜鸡蛋经清洗、磕蛋、分离、巴氏杀菌、喷雾干燥而制成的，产品包括全蛋粉、蛋黄粉、蛋白粉以及高功能性蛋粉产品。蛋粉不仅很好地保持了鸡蛋应有的营养成分，而且具有显著的功能，具有使用方便卫生，易于储存和运输等特点，被广泛地应用于糕点、肉制品、冰激凌等产品中。但蛋粉的起泡性较差，不适合打发制作膨松面团制品。

4. 再制蛋

再制蛋包括松花蛋、咸蛋和糟蛋等，主要选择鸭蛋来制作。有些地方也选择鸡蛋来制作，但滋味和口感都略逊于鸭蛋。再制蛋多用于馅心的制作。

四、乳品

乳品是面点制作中的一种重要辅料，可增加面点制品的营养价值，并使其具有独特的乳香风味。乳品还具有良好的乳化性，可使面点制品蓬松柔软，改善面点的色、香、味；同时，乳品还能调节面筋的胀润度，使面团不收缩，酥性良好，并且在一定时间内不易“老化”。

面点中常用的乳品包括鲜奶、奶粉、炼乳、酸奶、奶油、奶酪等。

1. 鲜奶（fresh milk）

在面点制作中，最常用的鲜奶是牛奶。牛奶营养丰富，使用方便，但含水量高，容易受微生物污染而变质。

2. 奶粉（milk powder）

奶粉是鲜奶喷雾干燥除去水分后制成的粉末，包括全脂奶粉和脱脂奶粉。它保持了鲜乳的原有风味，适宜保存，并便于携带。奶粉具有较强的吸湿性，应密封保存。

3. 炼乳（condensed milk）

炼乳是“浓缩奶”的一种，是将鲜乳经真空浓缩或其他方法除去大部分的水分，浓缩至原体积25%～40%的乳制品，主要有甜炼乳和淡炼乳两种。甜炼乳又称加糖炼乳，是添加了40%蔗糖的炼乳，淡炼乳则没有添加食糖。炼乳常用于面点的调香、调味，也可作为甜点的蘸料。

4. 酸奶（yogurt）

酸奶是以新鲜的牛奶为原料，经过巴氏杀菌后再向牛奶中添加有益菌（发酵剂），经发酵后，再冷却灌装的一种牛奶制品。酸奶不但保留了牛奶的所有优点，而且某些方面经加工过程还扬长避短，成为更加适合人类的营养保健品。酸奶在面点制作中主要用于调味。

5. 奶油（cream）

奶油，又称为淇淋、激凌、忌廉、克林姆，是从牛奶、羊奶中提取的黄色或白色脂肪性半固体食品。它是由未均质化之前的生牛乳顶层的牛奶脂肪含量较高的一层制得的乳制品，分为淡奶油、中奶油、重奶油和酸奶油等。淡奶油、中奶油和酸奶油常用于面点的调味，重奶油主要用于馅料制作及装饰使用。

6. 奶酪（cheese）

奶酪也称起司、芝士、计司、乳酪，是将消毒后的牛奶或羊奶经凝乳酶和发酵菌剂的作用，使蛋白质凝固析出后得到的产品。就工艺而言，奶酪是发酵的牛奶；就营养而言，奶酪是浓缩的牛奶。它含有丰富的蛋白质、钙、脂肪、磷和维生素等营养成分，可直接食用，也可作为面点制作的辅料使用。

五、水（water）

水从水量和水温两方面对面团的性质造成影响：水量影响面团的软硬程度，水温影响面筋蛋白质的胀润度和淀粉糊化程度，从而影响面团筋力；水温在很大程度上还影响面团的温度，从而影响发酵面团中酵母的发酵速度。水也通常作为糖、盐及其他可溶性原料的溶剂；面点制品含有一定水分，可使其湿润柔软；在面点成熟时，水或水蒸气均是良好的传热介质。

六、食盐（salt）

食盐又称精盐，是制作面点时不可缺少的辅料，除可用于馅心调味外，还可用于面团调制。面团中加入适量的食盐，可增加面团的筋力，从而增加面团的弹性、韧性和延伸性；可改善面点制品色泽，使其更加洁白有光泽；可调节面团发酵速度——少量的盐可提高面团的持气能力，可促进发酵；盐量稍多时则由于盐的渗透压作用会抑制酵母的繁殖，从而使发酵变慢。

第五节 特色粉料

1. 糕粉（cake powder）

糕粉又称潮州粉、加工粉，主要指糯米熟制后磨成的细粉。粉粒松散，一般呈洁白色，吸水力大，遇水即粘连。在制品中呈现软滑带黏状，多应用于广式点心、月饼和水糕皮等的制作中。

2. 可可粉（cocoa powder）

从可可树结出的豆荚里取出可可豆种子，经发酵、粗碎、去皮等工序得到可可豆碎片（通称可可饼），再由可可饼脱脂粉碎之后得到的粉状物，即为可可粉。可可粉按其含脂量分为高、中、低脂可可粉；按加工方法不同分为天然粉和碱化粉。可可粉具有浓烈的可可香气，可用于高档巧克力、冰淇淋、糖果、糕点及其他含可可的食品的制作，也可用于面团着色（可可色），丰富面点的色泽。

3. 抹茶粉（matcha powder）

抹茶粉是以遮阳茶做的碾茶为原料，用茶叶超细粉机碾磨成的细度达200目以上（2微米）的茶叶微粉，颜色深绿或墨绿，口感不涩不苦，呈海苔、粽叶香气。抹茶不但可以直接用来饮用，也可以做成各种抹茶食品。

4. 吉士粉（custard powder）

吉士粉，又称卡士达粉，是一种混合型的佐助料，呈淡黄色粉末状，具有浓郁的奶香味和果香味，由蓬松剂、稳定剂、食用香精、食用色素、奶粉、淀粉和填充剂组合而成。主要用于增香、增色、增松脆并使制品定性，以及增强黏滑性，常用于制作烘烤类糕点和布丁等。

第六节 食品添加剂

《中华人民共和国食品安全法》第九十九条将食品添加剂定义为：食品添加剂，指为改善食品品质和色、香、味以及为防腐、保鲜和加工工艺的需要而加入食品中的人工合成物质或者天然物质。目前我国食品添加剂有23个类别，2000多个品种，包括蓬松剂、着色剂（色素）、护色剂、防腐剂、甜味剂、增稠剂、酸度调节剂、抗结剂、消泡剂、抗氧化剂、漂白剂、酶制剂、增味剂、营养强化剂、香精香料等。我们着重介绍面点制作中最常用的蓬松剂、凝固剂、色素和香精香料等。

一、蓬松剂

蓬松剂又称膨松剂、膨胀剂，是指能使食品体积膨大、组织疏松的添加剂，主要包括化学蓬松剂和生物蓬松剂两类。

（一）化学蓬松剂

化学蓬松剂是指在一定条件下受热分解或发生化学反应，产生气体使制品疏松的蓬松剂，主要包括小苏打、食碱、泡打粉、臭粉等。

1. 小苏打（baking soda）

小苏打学名为碳酸氢钠，又俗称起子、焙碱、食粉，呈白色细小晶体，在水中的溶解度小于碳酸钠，溶于水时呈现弱碱性。固体在50℃以上开始逐渐分解生成碳酸钠、二氧化碳和水，在270℃时完全分解。人们常利用此特性将其作为食品制作过程中的蓬松剂。碳酸氢钠在分解后会残留下碳酸钠，使用过多会使成品有碱味。在调制老面发酵面团时加一些小苏打，可以中和发酵过程中产生的酸性物质。

2. 食碱（soda）

食碱学名碳酸钠，又俗称苏打、纯碱，呈白色粉末或细粒，易溶于水，水溶液呈碱性。它有很强的吸湿性，在空气中能吸收水分而结成硬块，性质很稳定，受热不易分解。遇酸能放出二氧化碳。在调制老面发酵面团时加一些食碱，可以中和发酵过程中产生的酸性物质。在调制水调面团时，添加适量的食碱，可强化面筋，增强面团的弹性、韧性和延伸性，使制品筋道、爽滑。而且在弱碱性条件下，淀粉更易糊化。但碱对面粉中的维生素有一定破坏作用，且量多易使制品发黄发苦，故应少用。

3. 泡打粉(baking powder)

泡打粉又称泡大粉、速发粉、发粉、发酵粉等，英文简称B.P，是由小苏打配合其他酸性材料（如酒石酸氢钾、酸性磷酸钙等），并以玉米淀粉为填充剂的白色粉末。调制面团过程中，泡打粉接触水分，酸性及碱性粉末同时溶于水中而起反应，有一部分会开始释出二氧化碳，同时在烘焙加热的过程中，会释放出更多的气体，这些气体会使产品表现出膨胀及松软的效果。

4. 臭粉（ammonia powder）

臭粉学名碳酸氢铵，呈无色或白色棱柱形结晶，微有氨气味。在约60℃时很快挥发，分解为氨、二氧化碳和水气。分解速度随温度升高而增加。也可在热水中分解。因此，保存时应注意低温、密闭、遮光。在面点制作过程中，常与其他蓬松剂搭配使用，用于面点制品的起发。

小贴士

快速区分小苏打、食碱和泡打粉的小窍门

取少许粉末置于手心，滴少许水在粉末上，如果感觉手心发凉，则为小苏打（因小苏打溶于水时为吸热反应所致）；如果感觉手心发烫，则为食碱（因食碱溶于水时为放热反应所致）；如果粉末开始冒泡，则为泡打粉（因其组成成分发生化学反应产气所致）。

（二）生物蓬松剂

面点中常用的生物蓬松剂为酵母（yeast，有时音译为伊士粉），是一种单细胞真菌，在有氧和无氧环境下都能生存，属于兼性厌氧菌。在有氧气的环境中，酵母菌将葡萄糖转化为水和二氧化碳。在无氧的条件下，它将葡萄糖分解为二氧化碳和酒精。酵母按加工工艺可分为压榨酵母、活性干酵母、即发活性干酵母、老面等多种形式。

1. 压榨酵母

压榨酵母俗称鲜酵母，是采用板框压滤机将离心后的酿酒酵母乳压榨脱水得到的含水分70%～73%的块状产品。呈淡黄色，具有紧密的结构且易粉碎，有很强的发酵能力。在4℃可保藏1个月左右，在0℃能保藏2～3个月。发面时，通常其用量为面粉量的3%～4%，发面温度为28℃～30℃。

2. 活性干酵母

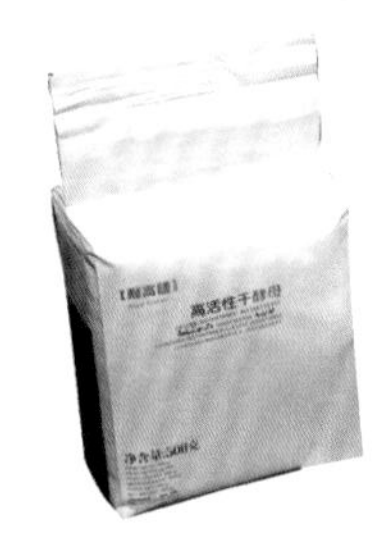

活性干酵母是采用酿酒酵母经挤压成型和干燥而制成的含水分8%左右、颗粒状、具有发面能力的干酵母产品，发酵效果与压榨酵母相近。产品用真空或充惰性气体（如氮气或二氧化碳）的铝箔袋或金属罐包装，货架寿命为半年到1年。与压榨酵母相比，它具有保藏期长、不需低温保藏、运输和使用方便等优点。

3. 即发活性干酵母

即发活性干酵母又称快速活性干酵母，餐饮企业通常简称为“酵母”或“干酵母”，是一种新型的具有快速高效发酵力的细小颗粒状产品，水分含量为4%～6%。它是在活性干酵母的基础上采用遗传工程技术获得高度耐干燥的酿酒酵母菌株，经特殊的营养配比和严格的增殖培养条件以及采用流化床干燥设备干燥而得。与活性干酵母相同，采用真空或充惰性气体保藏，货架寿命为1年以上。与活性干酵母相比，它颗粒较小，发酵力高，使用时不需先水化而可直接与面粉混合加水制成面团发酵，在短时间内发酵完毕即可加工成食品，在国内的餐饮企业、食品工业和家庭制作中广泛使用。发面时，通常其用量为面粉的1%～2%。

4. 老　面

老面又称面肥、面起子、老酵面、酵种等，就是制作发酵面点时剩下一小团面，由于里面有很多酵母菌，下次发面可作为菌种用。老面制作方便，传统餐饮企业、家庭制作中比较常用。老面除含有大量酵母菌外，还含有大量的产酸菌。在发酵过程中，除酵母菌产气使面团膨胀外，产酸菌也会产酸使面团带有独特的酸味，甚至影响面团的起发，因此在面团调制过程中，需要加入适量的碱性物质进行酸碱中和，使面团洁白松泡、细腻香甜，但有一定工艺难度。

二、色素（pigment）

食用色素，是能被人适量食用，用于食品着色和改善食品色泽的食品添加剂，分为天然和人工合成两种。

1. 天然食用色素

天然食用色素是直接从动植物组织中提取的色素，一般来说对人体无害，有的还兼具营养作用，如红曲、叶绿素、姜黄素、胡萝卜素、苋菜和糖色等。天然色素的特点是：能更好地模仿天然物的颜色，色调较自然；成本较高；保质期短。着色易受金属离子、水质、pH、氧化、光照、温度的影响，一般较难分散，染着性、着色剂间的相溶性较差。

2. 人工合成色素

人工合成色素主要是通过化学合成制得的有机色素。与天然色素相比，合成色素颜色更加鲜艳，不易褪色，且价格较低。人工色素的特点是：色泽鲜艳、色调多、性能稳定、着色力强、坚牢度大、调色易、使用方便、成本低廉、应用广泛。现在国家出台的相关规定，已使食用色素生产商的制作过程更加严格规范化，但食用色素的用量和使用范围还是应受到严格限制。

三、凝固剂

凝固剂是指使食品中胶体（果胶、蛋白质等）和水分凝固为不溶性凝胶状态的食品添加剂，常见的有琼脂、鱼胶、明胶等。凝固剂在使用中通常都需要先用冷水浸泡，再经加热融化、冷却凝固的过程来制作冻类制品，如果冻、杏仁豆腐、豌豆黄等。其用量可根据喜好稍加调整，稍多绵韧，微少软滑。

1. 琼脂（agar）

琼脂又称琼胶、洋菜、燕菜、冻菜、卡拉胶等，是用海藻（石花菜等）提取的混合多糖，为半透明、无定形的粉末、薄片或颗粒，以细条为佳。琼脂不溶于冷水，能吸收相当于本身体积20倍的水。易溶于沸水，稀释液在42℃（108℉）时仍保持液状，但在37℃时凝成紧密的胶冻，口感硬脆，不够Q弹。可用于制作杏仁豆腐等，制作冰淇淋、糕点及沙拉调味料时用作增稠剂。

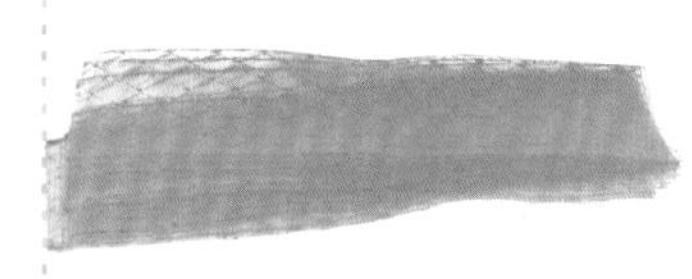

2. 鱼胶片/鱼胶粉（gelatin，fish glue）

鱼胶,又称吉利丁、吉利T，是提取自鱼膘、鱼皮加工制成的一种蛋白质凝胶，常见品为鱼胶粉或鱼胶片，后者品质更佳。鱼胶的用途非常广泛，不但可用以自制果冻，更是制作慕斯蛋糕等各种甜点不可或缺的原料。鱼胶为纯蛋白质成分，不含淀粉，不含脂肪，还可以为肌肤补充大量的胶原蛋白，是低热量的健康食品。

3. 明胶（gelatin）

明胶为水溶性蛋白质混合物，是皮肤、韧带、肌腱中的胶原经酸或碱部分水解或在水中煮沸而产生，呈无色或微黄透明的脆片或粗粉状，在35℃～40℃的水中溶胀形成凝胶(含水为自重的5～10倍)，通常用来制作果冻和其他甜点，但品质稍逊。

4. 果冻粉（jelly powder）

果冻粉，又称啫喱粉，是一种用于制作果冻的粉末状原料。一般是用琼脂、鱼胶粉或者明胶加上香精、色素和糖等做成的，可直接溶于热水后冷却制作果冻，操作简单方便。而鱼胶粉制作果冻时需加入果汁及其他原料。

5. 葡萄糖酸内酯（gluconolactone）

葡萄糖酸内酯俗称内酯、内脂，一般为白色晶体或结晶粉末，易溶于水，几乎无臭，是一种用途十分广泛的食品添加剂。传统的豆腐使用石膏或卤水点制，而用内脂点出的豆腐更加细嫩，味道和营养价值也更高。内脂也常用于豆花儿（豆腐脑）的制作。

四、香精香料（food flavour）

香料是为了提高食品的风味而添加的香味物质，香精由各种食用香料和许可使用的附加物调和而成，是使食品增香的食品添加剂。根据来源不同又可分为天然和人造香料。在面点中添加适量的香料或香精，可增加风味，从而刺激人的食欲。天然香精香料对人体无害，人造香精香料则需按规定使用，不可超量或违规添加。

第七节 调味品

调味品(flavouring, seasoning)是指在饮食、烹饪和食品加工中广泛应用的，用于调和滋味和气味并具有去腥、除膻、解腻、增香、增鲜等作用的产品。调味品按呈味感觉可分为咸味调味品（食盐、酱油、豆豉等）、甜味调味品（食糖、蜂蜜、饴糖等）、苦味调味品（陈皮、茶叶汁、苦杏仁等）、辣味调味品（辣椒、胡椒、芥末等）、酸味调味品（食醋、茄汁、山楂酱等）、鲜味调味品（味精、鸡精、虾油、鱼露、蚝油等）、香味调味品（花椒、八角、料酒、葱、蒜等）。除了以上以单一味为主的调味品外，大量的是复合味的调味品，如油咖喱、甜面酱、腐乳汁、花椒盐，等等。

在面点制作中，调味品除用于馅料调制外，还常用于汤水、味汁的调制，有时还直接用于生坯的调制，使用十分广泛。

1. 名词解释

（1）澄粉。

（2）食品添加剂。

2. 填空题

（1）大米根据米质不同，可分为______、______、______、______。

（2）面粉根据面筋蛋白质含量高低，可分为______、______和______三类。

3. 简答题

（1）澄粉为什么要采用沸水调团？

（2）蛋在面点制作中的作用有哪些？

第四章

认识面点制作的基本功

MIANDIAN
GONGYI

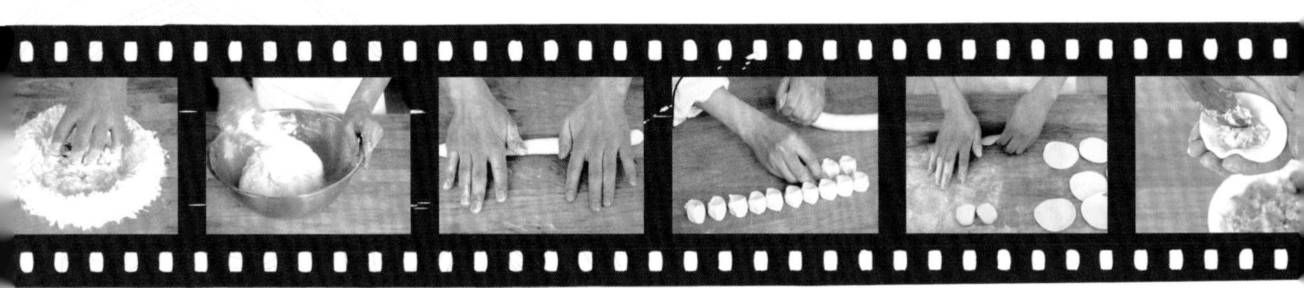

教学目的

通过本章的学习，让学生了解面点制作的一般工艺流程，熟悉各环节的基本知识，通过技能训练和品种制作，掌握其基本技能，学以致用，并能在实际操作中加以运用。

教学安排

10课时，其中课堂讲授4课时，实验实训6课时。

面点品类繁多，风格各异，尽管用料制作有所不同，但基础加工却是共同的。面点制作的基本功，归纳起来有配料、和面、揉面、饧面、搓条、下剂、制皮、包馅等八个方面。面点制作的基本功是面点制作工艺中最重要的基础操作，是面点厨师必备的职业素养之一。它直接影响到制品的质量和效率，基本功扎实是学会面点制作技术的前提。基本功的学习和掌握则往往要“磨”时间、“练”手法、“吃”功夫。在练功中不断摸索、总结，掌握手法，进入角色，只要勤奋努力，不怕吃苦，经常动手，就一定能掌握基本功。

第一节 面点制作基本功的重要性

面点制作基本功的重要性主要体现在以下几个方面：

一、基本功是面点制作的基础操作

中国面点制作，在很大程度上依然以手工操作为主。在面点制作工艺流程中，面点制作的基本功是面点制作中最为基础的操作。多数面点品种的制作，都要通过面团调制、馅料制作、面点成形、面点成熟等一系列工艺流程制作而成。而在制作过程中，配料、和面、揉面、饧面、搓条、下剂、制皮、包馅等基本功是学会面点制作技术的前提。

二、基本功直接影响面点制品质量

面点制品质量的高低，来自面点工艺流程中各环节的关键点质量控制，如配料是否准确，和面是否到位，揉面是否充分，搓条是否均匀，下剂大小是否合适，制皮是否符合要求，等等。而且每一步都将影响到下一步的操作。如果基本功掌握不好，势必影响面点质量，并且工作效率也不会高。如果掌握好了面点制作的基本功，在面点制作中将事半功倍、举一反三。

三、基本功体现面点厨师的职业素养

一个合格的面点厨师，必须具备扎实的面点理论知识、面点制作基本功。从一个厨师的基本功掌握程度上，就可以看出他的面点功夫。功夫到家的厨师，手法娴熟，干净利落。拿面团调制来说，面点厨师应该做到配料准确，面团调制完成后均匀、细腻、光滑，符合相应面点品种的基本要求，同时在调制手法上姿势正确，迅速利落，做到“三光”（面光、手光、盆光或案板光）。

第二节 面点制作的一般工艺流程

面点制作往往需要经过面团调制、馅心制作、面点成形等诸多工艺环节制成面点生坯，然后再经面点成熟制成成品。面点制作的一般工艺流程如图4.1所示：

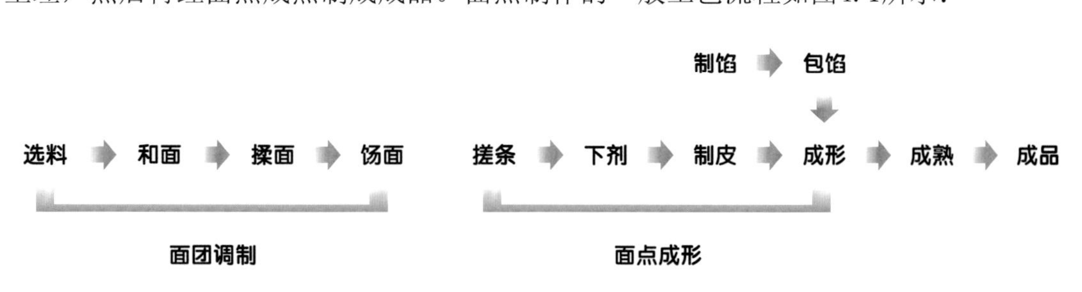

图4.1 面点制作的一般工艺流程

从上图可知，面团调制环节包括选料、和面、揉面和饧面等环节，面点成形包括搓条、下剂、制皮、包馅、成形等环节，它们与制馅、面点成熟一道，组成了面点制作的一般工艺流程。

当然，这里指的是一般工艺流程，而非每个面点品种都是如此：有些品种比这个流程简单，如馒头无制馅、包馅过程；有些品种的流程比这个更为复杂，如与菜点结合的品种；有些品种的流程先后顺序有别于此，如肉夹馍则是饼坯成熟后夹馅成形。所以，面点制品的实际工艺流程要视品种而定。

第三节 面团调制工艺环节的基本功

面团调制环节是面点制作流程中的主要环节之一，它将直接影响到面点成形等环节，从而对面点成品品质带来最直接的影响。面团调制的基本功主要包括选料、和面、揉面和饧面四个方面。

一、选料

原料的选备往往是面点制作的第一道工序，也是面点制作中最基础、最重要的一道工序，既包括原料种类的选择，也包括原料数量的选择和质量的选择。它是决定面点质量和特色的基本物质条件。在选料的时候需要注意几个方面：

（1）熟悉各类原料的工艺性能和特点，合理选料。

（2）根据面点品种配方准确配料。

（3）所选原料必须符合食品营养卫生的要求。

二、和面

和面就是将面粉等粉料和水等液体原料及其他辅料混合均匀，调制成团的过程。和面讲究“三光”，即面光、手光、盆光或案板光。

和面可分为手工和面和机器和面两种。

（一）手工和面

手工和面根据技法不同，可分为抄拌法、调和法和搅和法。

1. 抄拌法

将面粉置于案板上或放入盆内，刨成凹坑，加水等辅料，用手由外向内，由上至下，手不沾水，抄拌成雪花片后和成团。此法适合制作量大的冷水面团和发酵面团等。

2. 调和法

将面粉置于案板上或放入盆内，刨成凹坑，加水等辅料，用手由内向外，先将水和部分面粉调成面糊，再将其余面粉和面糊调匀成雪花片后和成团。此法适合较软和的冷水面团和发酵面团，以及水油面团等。

3. 搅和法

搅和法主要适合冷水面团的稀面团、热水面团和沸水面团等面团的调制。

搅和法根据调制位置的不同，可分为案板上和面、盆内和面和锅内和面三种。

案板上和面：将面粉置于案板上，刨成凹坑，加水等辅料，用筷子或擀面棍等工具，搅匀成团。这种方法适合调制热水面团等。

盆内和面：将面粉置于盆内，刨成凹坑，加水等辅料，用筷子或擀面棍等工具，搅匀成团。这种方法适合调制稀面团、热水面团等。

锅内和面：把锅置于火上，加水烧开。然后将过筛的面粉倒入，迅速用擀面棍搅匀，烫匀烫透，收干水汽即成。这种方法适合调制沸水面团等。

案板上搅和法

盆内搅和法

锅内搅和法

（二）机器和面

随着厨房现代化程度的提高，机器和面已经在餐饮行业中得到广泛使用。机器和面既节省人力，又能准确把握面团性质，从而可以确保面点成品的品质。在机器和面时，必须正确掌握和面机的性能，且需正确掌握投料顺序、机器转速和调制时间等。

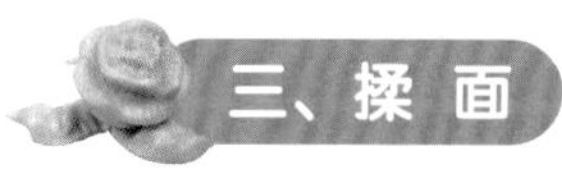

三、揉 面

揉面就是将和好的面团经过反复揉制，使面团均匀、光滑、细腻的过程。

揉面有揉、捣、揣、摔、擦、叠六种手法。

1. 揉

揉是指利用手掌根着力，将面团向前推压，然后将面团旋转，卷拢，再次推压，如此反复使面团揉透上劲。揉可分为单手揉、双手揉和双手交替揉三种。揉适应面广，尤其适用于较软的面团。

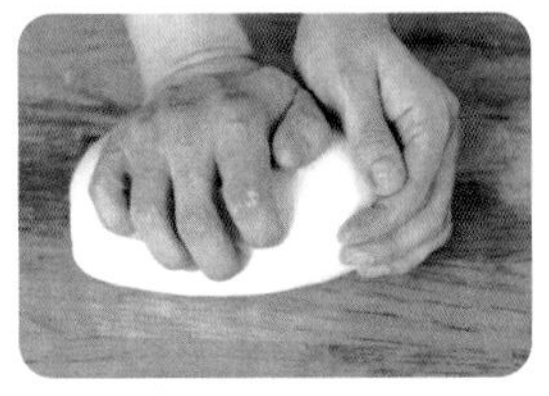
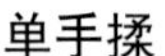
单手揉

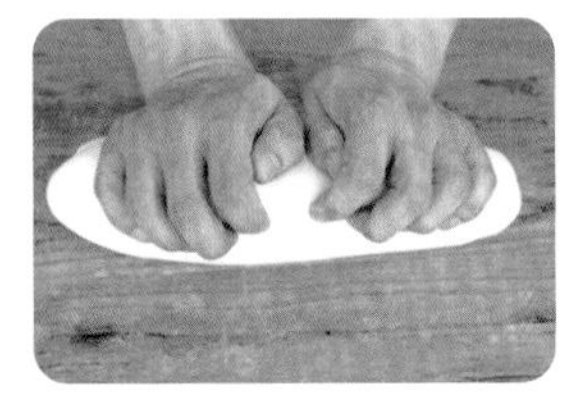
双手揉

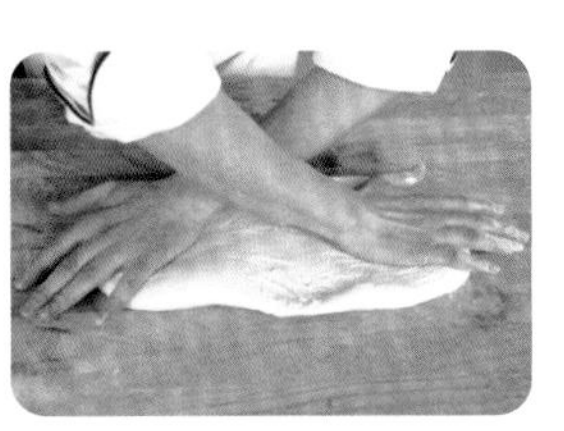
双手交叉揉

2. 捣

捣，又称作搋，紧握双拳，使用双手的指关节用力往下捣压，如此反复使面团揉透上劲。捣适用于调制较硬的面团和筋力强的面团。

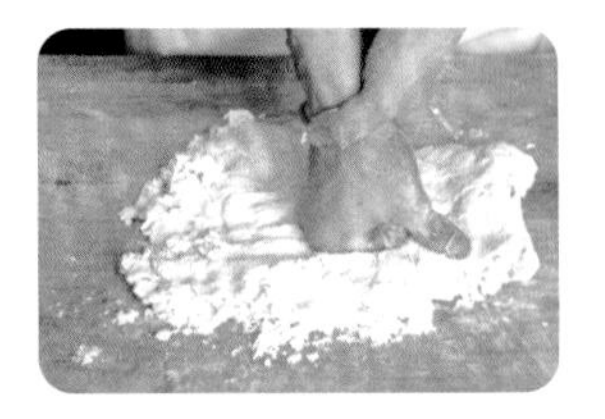

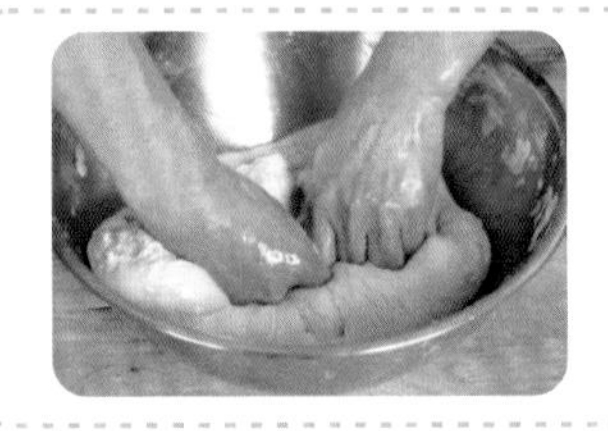

3. 揣

紧握双拳，在面团上用力揣压使其延展，然后将外沿面团向中卷拢，如此反复使面团揉匀上劲。揣适用于调制量大的软面团。

4. 摔

用手拿住面团的一头或两头，将面团摔在案板上后折叠再摔，如此反复使面团揉透上劲。摔适用于调制较软且筋力强的面团。

5. 擦

用手掌根将面团向前层层推压，如此反复使面团擦匀擦透。擦适用于调制无筋力、松散的面团。

6. 叠

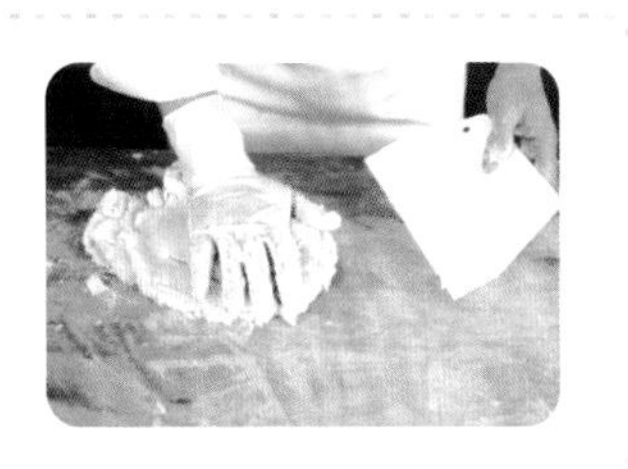

先将面团的各配料混合，然后上下翻动，叠压，如此反复使其黏结成团，且无筋力或筋力较弱。叠适用于调制松散的面团，且一般现调现用。

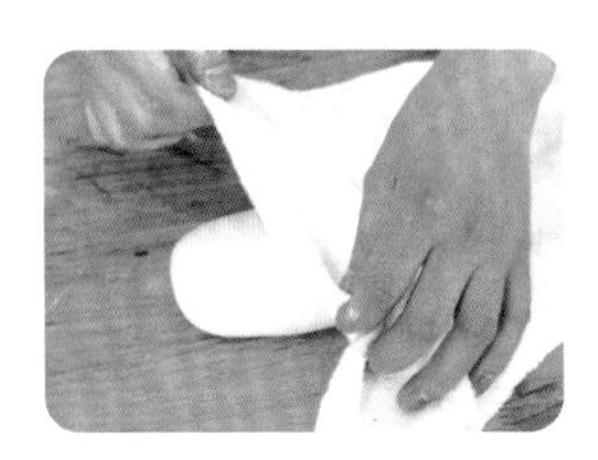

四、饧 面

饧面，又称醒面、静置，就是将调制好的面团放置一段时间。一般来说，饧面都需要将面团盖上干净的湿毛巾或者用保鲜膜包好，目的是为了避免面团表面被风干而结痂甚至开裂，从而影响面点的成形和面点制品的品质。

小贴士

饧面有三个作用：

①促进水化作用——使面团中未充分吸水的粉粒有一个充分吸水的时间。②伸展面筋——让面筋网络规则伸展。③松弛面团——刚揉好的面团面筋网络处于紧张状态，弹性强。饧面后，面团松弛，延伸性增加，有利于搓条下剂的进行。

第四节 面点成形前工艺环节的基本功

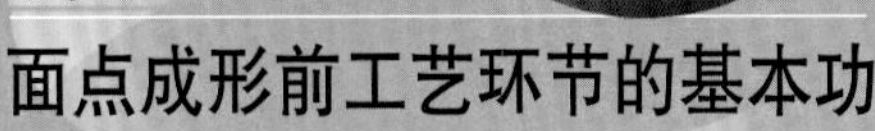

经面团调制、馅心制作后，要按照品种的要求，运用各种方法，进行面点成形，对面点形态进行塑造。在面点成形前，需进行搓条、下剂、制皮、包馅等基础操作。

1. 搓 条

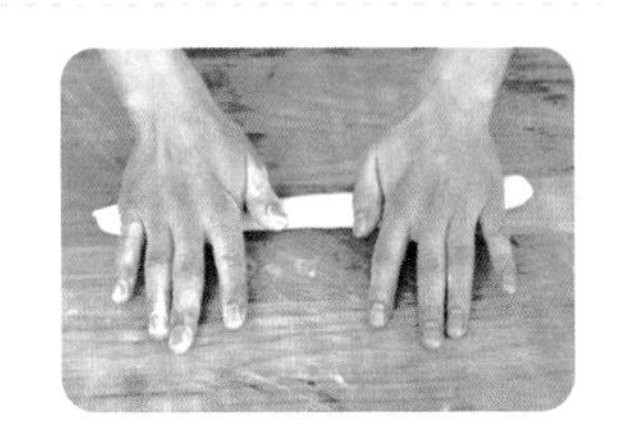

搓条就是将调好的面团搓成长条的过程。搓条是下剂前的准备环节，搓好的条要均匀、圆润、大小适度。

2. 下　剂

下剂就是将搓好的条分割成一定规格的面剂的步骤。根据面团的不同，下剂可采取不同的方法，主要分为摘剂、挖剂、拉剂、切剂、剁剂等。

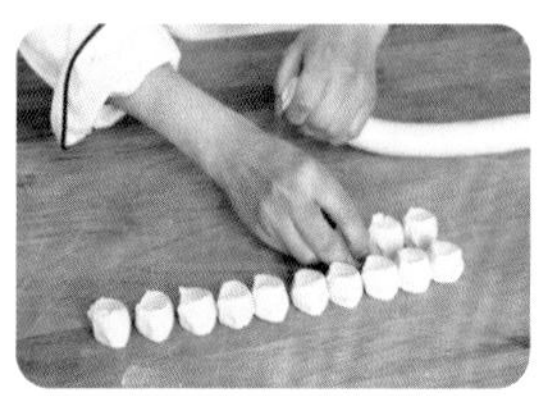

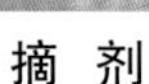
摘　剂

切　剂

剁　剂

擀　皮

3. 制　皮

制皮就是将面剂利用手、擀面棍或模具等制成面皮的过程。根据各品种的要求不同，制皮可采取不同的方法，主要分为擀皮、按皮、拍皮、捏皮、摊皮等。

4. 包　馅

包馅又称作上馅、打馅、填馅等，是指在面皮中放入馅心的过程。它是有馅品种不可或缺的一个重要环节，将直接影响到有馅品种的品质和特色。

上　馅

1. 名词解释

（1）搓条。

（2）饧面。

2. 填空题

（1）和面讲究“三光”，即__________、__________、__________。

（2）下剂主要分为__________、__________、__________、__________、__________等技法。

3. 简答题

（1）图示面点制作的一般工艺流程。

（2）饧面的作用有哪些？

第五章

认识馅料

MIANDIAN
GONGYI

教学目的

通过本章的学习，让学生了解面点馅心、面臊的作用与分类，熟悉调味制馅原料的选用原则和加工处理方法，熟悉和掌握面点馅料的基本构成，甜馅、咸馅及面臊制作的基本要求及制作工艺。

教学安排

6课时，其中课堂讲授4课时，实验实训2课时。

第一节 什么是馅料

一、馅料概述

（一）馅料的概念

馅料又称馅心、馅子，是指将各种制馅原料经过加工调制后包捏或镶嵌入米面等坯皮内的“心子”。它与主坯相对应，要经过单独处理后再与其他面点原料组合成形制作面点制品。馅料种类繁多、口味多样，是面点制品的重要组成部分，制馅是制作面点品种的一个重要工艺过程，馅料质量、口味的好坏直接影响面点品种的风味特色，通过对馅料的变换，可以丰富面点的品种，并能反映出各地面点的特色。

（二）馅料的作用

馅料的制作是面点制作工艺的一个重要环节，它与面点的色、香、味、形有着紧密的联系。只有通过对原料知识的掌握，进行合理地运用，最后经过精细的刀工处理和调制才能制作出花色各异的馅料。同时，还应根据面点坯皮的性质、形态以及成熟工艺的不同，采用不同的加工方法，方能取得理想的效果。馅料在面点制作中的重要性，归纳起来有以下几个方面：

1. 影响面点的形态

馅料的调制与制品的形态有着密切的关系。有些面点制品由于有了馅料的装饰，显得形态优美，形成了自身独特的形状。很多花式面点品种，常常利用馅料来进行装饰。在生坯制成以后，需要在包馅的空隙内镶以各色馅料进行点缀，使成品外观丰富多彩。再包上各种不同颜色的馅料（如海参、蛋白或蛋黄糕末、火腿末、蟹黄等），成品形态就变得非常美观，整个制品更具观赏性。

馅料的原料形状对制品也有很大的影响。一般情况下馅料原料形状要求细小、均匀一致，一般制成蓉状、细粒状、细丝和小丁等，避免用大块原料使制品破裂，影响面点的造型。由此可见，馅料对制品的形态有一定的影响，制作馅心必须根据面点成形特点作不同的处理。如油酥制品的馅心，由于制品成熟时间较短，一般情况下，要用熟馅，以防内外生熟不一或影响形态。同时，坯皮性质柔软，馅料如不适应，就很难包捏成型。

2. 体现制品的口味

大多数面点的口味主要由馅料来体现：首先，凡是包馅料或夹馅料的制品，馅料在整个制品中占有很大比重，通常是坯料占50%，馅料占50%，有的重馅品种如烧卖、锅贴、春卷、水饺等，馅料多于坯料，包馅多的其馅料可以达到整个面点重量的60%～90%；其次，在评判包馅或夹馅面点制品的好坏时，人们往往把馅心质量作为衡量的标准，许多点心就因为面点制品的馅料讲究、做工精细、巧用调料，具有“鲜、香、嫩、润、爽”等特点，从而受到了消费者的好评。因此，馅料的味道对制品的口味有决定性的作用。

3. 形成面点的特色

各种面点的特色虽与所用坯料以及形态和成熟方法等有关，但其所用馅料往往亦可起衬托甚至决定性的作用，从而形成浓郁的地方特色。例如，广式面点馅料用料广泛、制作精细、口味清淡，具有鲜、爽、滑、嫩、香等特点，虾饺、叉烧包、粉果等点心别具风味；苏式面点馅心调味重、口味浓、色泽深、肉馅多掺皮冻、汁多味美，如江苏的汤包,每斤馅心掺冻6两左右,熟制后汤多而肥厚;京式面点馅心注重口味,味型常以咸鲜味为主,多采用水打馅,常用葱、姜、蒜酱、芝麻油为调辅料，具有皮薄馅多、口感松嫩的特点。由此可见，各地面点的特色大多是由馅心来体现的，即馅心的风味特色构成了各地面点的特色。

4. 丰富面点的花色品种

面点制品之所以品种繁多，除了成型方法、熟制方法等的作用外，还得益于馅料的变化。由于馅料的用料广泛，调味方法多样，加工方法多样，使得馅心的花色丰富多彩，从而增加和丰富了面点的花色品种。如水饺可因馅心不同分为韭菜水饺、鱼肉水饺、猪肉水饺、羊肉水饺、水晶水饺等，包子可因馅心不同分为三鲜包、芽菜包、素菜包、奶黄包、豆沙包、鲜肉包、豆芽包、菜肉包等。原料一变，就出现了荤馅、素馅、荤素混合馅等馅料；调味一变，就出现了咸、甜、咸甜、甜咸等不同的口味；因加工方法不同，馅料又有肉丝、肉片、肉丁、肉末之分，从而可以形成不同形状的馅心来丰富面点的品种。

5. 调节制品的色泽

面点制品的色泽，除了皮料及成熟方式在起作用外，馅料在有些制品中也能透过皮面而显现出来，改善制品的色泽。例如，翡翠烧卖的绿，是绿色馅心透过薄薄的烧卖皮而显现出来的，虾饺也是鲜虾仁的粉红色在起主导作用。馅料不仅可作为面点的心子，同时可以调节成品的外部色泽，如各种花色蒸饺，在生坯做成后，再在空洞内配以各种颜色的馅心，如青菜、蛋黄、熟蛋白、香菇末、火腿等，以使制品色泽鲜艳。因此，馅心不仅可以改变制品的口味，同时还能调节制品的色泽，达到增强食欲的目的。

（三）馅料的分类

面点的馅料由于用料广泛、制法多样、调味多变，导致其种类繁多，风格各异。馅心大致可从口味、原料性质、制作方法三个方面来加以分类。

按馅料口味，可分为甜馅、咸馅和甜咸馅（见表5.1）。

甜馅是各种甜味馅料的总称，一般选用白糖、红糖或冰糖等为主料，再加入各种蜜饯、果料以及含淀粉较重的原料通过一定的加工而制成。根据用料以及制法的不同，甜馅又可分为“糖馅”、“泥蓉馅”、“果仁蜜饯馅”、“膏酱馅”四大类。

咸馅是各种以咸味为主的馅心的总称，如咸鲜味、家常味、椒盐味馅心等。咸馅的用料极为广泛，蔬菜、家禽、家畜、鱼虾、海味（鱼翅、鲍鱼、海参、鱿鱼等）均可用于制作。咸馅根据所用原料的不同，一般可分成荤馅、素馅和荤素馅三大类。

甜咸馅是在甜馅的基础上加少量食盐或咸味原料（如香肠、腊肉、叉烧肉等）调制而成，如“火腿月饼”、“椒盐桃酥”等。在制作方法上近似于甜馅。

表5.1 馅心分类

类别			品名举例
口味特点	制法特点	原料特点	
甜馅	拌制馅	果仁蜜饯馅	五仁馅、百果馅
	擦制馅	糖馅	黑芝麻馅、玫瑰馅、冰橘馅、水晶馅
	熟制馅	泥蓉馅	豆沙馅、莲蓉馅
	膏酱馅	果酱、油膏、糖膏	草莓酱、鲜奶油膏
咸馅	生　馅	生荤馅	水打馅、羊肉馅、三鲜馅、虾饺馅
		生素馅	萝卜丝馅、素三鲜馅
		生荤素馅	鲜肉韭菜馅、牛肉大葱馅
	熟　馅	熟荤馅	叉烧馅、蟹黄馅、咖哩馅
		熟素馅	翡翠馅、素什锦馅、花素馅
		熟荤素馅	芽菜包子馅、南瓜蒸饺馅
	生熟馅	生熟荤馅	金钩包子馅
		生熟素馅	茭白豆干馅
		生熟荤素馅	玻璃烧麦馅
甜咸馅			火腿馅、椒盐馅

二、包馅比例和要求

面点的包馅比例即皮坯与馅料的比例，是影响面点质量的一个重要因素。在饮食业中，常将包馅制品分为重皮轻馅品种、重馅轻皮品种及半皮半馅品种三种类型。

1. 重皮轻馅品种

馅料所占比例为10%～40%，这类制品主要有下述三种情况：一是其皮料具有显著特点，是以馅料为辅佐的品种，如开花包、蟹壳黄、盘丝饼，因为其皮坯都具有各自的特点，馅料在整个制品中仅起辅佐的作用。二是馅料具有浓郁香甜等滋味，属于不宜多包馅料的品种，如常选用水晶馅、果仁蜜饯馅等味浓香甜的馅料，多放不仅破坏口味，而且易引起皮子破底露馅。三是一些象形品种的面点，如包入过多的馅心会影响整个制品的造型，如象形品种中的白菜饺、金鱼饺、冠顶饺、菊花饺等，如包馅量过大，会影响制品造型，不能很好地突出成品外观上应有的特点。

2. 重馅轻皮品种

这类面点大都是馅料具有显著的特点，皮子有较好的包容性，适于包制大量馅料，其馅心比例占60%～80%。如广东月饼、春卷等制品，它们的馅料风味非常突出。此外，像水饺、烧麦、馅饼等品种，它们的皮坯都是用韧性较大的冷水面团制成，适于包制大量的馅料。

3. 半皮半馅品种

半皮半馅品种就是以上两种类型以外的包馅面点，其馅心皮料各具特色，一般馅料所占的比例为40%～60%，如各类大包、汤圆等。

第二节 常用馅心的制作工艺

一、甜馅的制作

甜馅是以糖为基本原料，再辅以各种干果、蜜饯、果仁、油脂、粉料等，采用不同的原料配比和工艺，调制成的甜味馅。甜馅在面点馅心中占有重要的位置，运用十分广泛，品种也是举不胜举。按制作特点可分为糖馅、果仁蜜饯馅、泥蓉馅、膏酱馅四种。

（一）糖馅制作工艺

糖馅是以白糖（或绵白糖）为主料，再加入熟面粉、油脂和一两种辅料擦制而成的甜味馅。而辅料是糖馅风味特色的主要来源，同时大多数馅心也以该辅料来定名。如加入蜜玫瑰，即为玫瑰馅；加入芝麻，即为芝麻馅；加入冰糖、橘饼，即为冰橘馅等。

（1）馅料特点：黑芝麻馅色泽黑亮，油润香甜，芝麻香浓；樱桃馅白中带红，甜润香醇；玫瑰馅色泽粉红，油润香甜，玫瑰香浓；冰橘馅白中带橙，油润香甜，颗粒感突出，橘香浓郁。

（2）原料配方（单位：克）：

馅心＼原料	白糖	熟面粉	猪油	黑芝麻	蜜樱桃	蜜玫瑰	橘饼	冰糖
黑芝麻馅	500	50	200	100				
樱桃馅	500	100	150		100			
玫瑰馅	500	100	150			100		
冰橘馅	500	150	200				50	50

（3）工艺流程：

刀工处理 → **拌和** → **擦** → **成馅**

（4）制作方法：

黑芝麻馅：将黑芝麻淘洗干净，去掉杂质、空壳，用小火炒香，晾冷后用擀面杖碾成粗粉，加入熟面粉、白糖拌匀，再加猪油擦搓成团即成黑芝麻馅。

樱桃馅：蜜樱桃切成小颗粒，将白糖、熟面粉拌匀，再加入猪油擦搓成团，最后加入蜜樱桃粒拌匀即成樱桃馅。

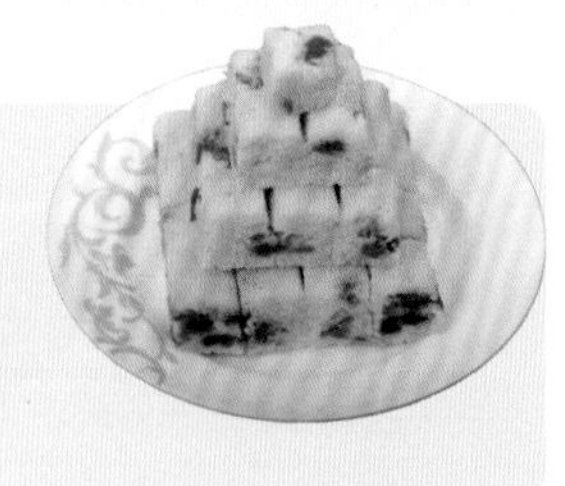

玫瑰馅：将蜜玫瑰用刀剁碎，加猪油调散，然后与事先拌匀的白糖、熟面粉、猪油一起擦拌均匀，擦搓成团即成玫瑰馅。

冰橘馅：将橘饼切成小颗粒，将白糖、熟面粉、冰糖碴拌匀，再加入猪油擦搓成团，最后加入橘饼粒拌匀即成冰橘馅。

（5）制作要领：

辅料不宜加工得过于细小，擦搓必须充分。

（二）果仁蜜饯馅制作工艺

1. 百果馅

（1）馅料特点：

松爽香甜，果香浓郁。

（2）原料配方（单位：克）：

核桃仁	杏仁	瓜子仁	熟芝麻	橄榄仁	糖板油丁
100	75	25	125	50	75
橘饼	糖冬瓜	植物油	糕粉	白糖	水
100	125	75	125	500	适量

（3）工艺流程：

果仁、蜜饯和糖板油丁 ↓ 原料切配 → 拌和 → 加入植物油、白糖和适量水 → 拌匀 → 加入糕粉拌匀 → 即成

（4）制作方法：

① 核桃仁、杏仁、橄榄仁用清水浸泡后去皮，连同瓜子仁分别入温油中炸至金黄、酥香，沥干油后斩碎。② 橘饼切成细末，糖冬瓜切成小丁。③ 先将各种果仁、蜜饯和糖板油丁拌匀，再加入植物油、白糖和适量水拌匀，最后加入糕粉拌得馅心软硬适度即成。

（5）制作要领：

馅料中加入清水仅为适当降低硬度，便于包制，所以水分不宜过大，否则在品种烘烤时会产生大量水汽，使饼皮破裂跑糖。

2. 五仁馅

（1）馅料特点：

香甜可口、果仁味浓。

（2）原料配方（单位：克）：

核桃仁	杏仁	瓜子仁	花生仁	松子仁	糖板油丁	白糖
50	30	30	50	50	250	250

（3）工艺流程：

果仁、白糖和糖板油丁

↓

原料切配 → 拌和 → 即成

（4）制作方法：

核桃仁、花生仁用清水浸泡后去皮，连同松子仁、瓜子仁分别入温油中炸至金黄、酥香，沥干油后加入杏仁斩碎，将全部原料拌和均匀即成。

（5）制作要领：

将全部原料放在一起后，用手搓匀搓透，使白糖、糖板油丁、五仁融为一体即成。

（三）泥蓉馅制作工艺

1. 豆沙馅

（1）馅料特点：

色泽紫黑油亮、软硬适宜、口感滋润香甜。

（2）原料配方（单位：克）：

赤豆	白糖	红糖	植物油	猪油
500	300	65	125	125

（3）工艺流程：

油、糖

赤豆 → 浸泡 → 煮熟 → 去皮取沙 → 炒制 → 成馅

（4）制作方法：

① 将赤豆洗净，浸泡1小时左右，放入锅内加清水（以淹没豆面约10厘米为度），用旺火煮开，再改用中小火煮约2小时左右，至豆用手可捏烂即起锅晾凉。② 将煮酥烂的赤豆去皮取沙，装入布袋压干水分成豆蓉。③ 将锅烧热，放入部分油脂，倒入豆蓉用中小火不停翻炒，炒的过程中分多次加油，炒至豆蓉吐油翻沙，水分基本收干，稠厚而不粘锅、勺时，加入红糖、白糖继续炒至糖溶化，颜色呈黑褐色即成。

（5）制作要领：

① 煮豆时间要适宜。若煮制时间短，豆中还有硬心，制成的豆蓉粗糙，炒制时不易翻沙；若煮制时间长，豆内淀粉过度糊化，会使豆沙馅失去沙质感而影响质量。② 炒制时要不停地翻动，分多次加入油脂，避免糊锅，增加豆沙的油润、光泽感，并随着豆沙趋于成熟而将火力减弱，使豆沙内水分充分挥发，油糖充分渗入，色泽由

红变黑。③ 炒豆沙用油可根据需要选定。猪油便于馅心凝固，有利于制品包馅成形，但成馅颜色浅淡，光泽度稍差。使用植物油炒豆沙，成馅颜色黑亮，但较稀软，不便包馅成形，多用于夹馅制品。使用混合油炒豆沙，二者优点皆有。④ 炒好的豆沙馅放入容器内，面上浇一层植物油，加盖置于凉爽处备用。

2. 莲蓉馅（白莲蓉馅）

（1）馅料特点：

口味甘香细滑、有浓郁的莲香味。

（2）原料配方（单位：克）：

白莲子	白糖	植物油	猪油
500	300	75	150

（3）工艺流程：

油、糖

↓

莲子 → 浸泡 → 蒸烂 → 制蓉 → 炒制 → 成馅

（4）制作方法：

①将白莲子浸泡4小时以上，用牙签捅去莲心，用盆装好放水（刚好没过莲子）入蒸笼中蒸至松软，搓擦成泥（莲蓉）。②锅内放部分植物油、猪油烧热，倒入莲蓉，用中火不断翻炒，分次加入剩余油脂，待水分蒸发，改用小火加入白糖炒至莲蓉稠厚，不粘锅、勺，滑润，色泽显象牙色时，起锅装入容器内，用炼熟的植物油盖面，防止莲蓉变硬翻生。

（5）制作要领：

①制莲蓉时要求细滑，如不够细滑则应重复用猪肉末机绞几次或者过筛。

②炒时最好用铜锅，使色泽纯正。

小贴士

莲蓉馅素有“甜馅王”的美称，根据成馅特点可分为红莲蓉馅和白莲茸馅两种。红莲蓉馅的制作工艺是在锅内放部分猪油烧热，加白糖炒化呈金黄色，倒入莲蓉，用中火不断翻炒，分次加入剩余油脂，待水分蒸发，改用小火炒至莲蓉稠厚，不粘锅、勺，色泽金黄油润。

3. 枣泥馅

（1）馅料特点：

口感细腻爽滑、枣香浓郁。

（2）原料配方（单位：克）：

红枣	白糖	植物油	猪油
500	250	50	50

（3）工艺流程：

油、糖 ↓ 炒制

红枣 → 蒸烂 → 制蓉 → 炒制 → 成馅

（4）制作方法：

①红枣去核，用冷水浸1～2小时（冷天用温水），再入锅煮烂，晾凉，搓擦过细筛成枣泥。②锅中加油烧热，倒入枣泥，用中火不断翻炒，分次加入剩余油脂，待水分蒸发，改用小火加入白糖，炒至枣上劲不粘手，香味四溢时盛起，放在瓷盆内冷却即成。

（5）制作要领：

炒制时不能用旺火，以中火为宜，逐渐减弱，但水分必须炒干，如有水分，不耐存放。

用蜜枣代替红枣快捷制枣泥馅的小窍门

将蜜枣去核上笼蒸软，置案板上加入适量猪油用力搓擦成蓉状。根据品种需要加入适量白糖、果仁、蜜饯等擦匀即成。

二、咸馅的制作

咸馅是各种以咸味为主的馅心的总称，如咸鲜味、家常味、椒盐味馅心等。根据所用原料的不同，咸馅一般可分成荤馅、素馅和荤素馅三大类。

（一）荤馅的制作

荤馅是指以动物性原料（禽、畜、水产类原料）为主要原料制作而成的馅心。根据制法的不同，可分为生荤馅、熟荤馅和生熟荤馅等。

生荤馅是指用生的动物性原料经加工、搅拌而成的馅心，这类馅心一般细嫩多汁，成团性好。

熟荤馅是指用动物性原料经炒、煮、烧等烹饪方法制成的馅心，这类馅心一般味鲜、油重、滋润爽口。

生熟荤馅是指在熟荤馅的基础上添加生的荤馅或动物性原料制作而成的馅心。这类馅心兼具生荤馅和熟荤馅的优势，既有一定的成团性，成熟后又较散籽。口感滋润细嫩。

1. 生荤馅（水打馅）的制作

（1）馅料特点：

口感细腻多汁，口味咸鲜可口。

（2）原料配方（单位：克）：

猪肥瘦肉	食盐	味精	胡椒粉	料酒	芝麻香油	姜	葱	水
500	8	2	1	5	5	10	20	300

（3）工艺流程：

（4）制作方法：

①姜、葱拍破，浸泡于清水当中，即成姜葱水。②猪肥瘦肉剁细成蓉，纳于盆中，加食盐、味精、胡椒粉、料酒调味，搅匀，然后分次加入姜葱水，每加一次均用力朝一个方向搅匀，直到馅心黏稠起胶，加芝麻香油拌匀即成。

（5）制作要领：

①猪肉肥瘦比例要适当。一般宜选择肥三瘦七的猪肉，而且要求无筋、无骨、不带皮。②肉蓉越细越好。③调味要准确。④分次加入姜葱水，且需用力搅打。

2. 熟荤馅（叉烧馅）的制作

（1）馅料特点：

滋润爽口、叉烧味浓。

（2）原料配方（单位：克）：

叉烧肉	猪油	面粉	酱油	粟粉	白糖	食盐	洋葱片	清水
500	50	5	50	30	50	3	20	300

（3）工艺流程：

面粉等原料

叉烧肉刀工切配 → 制面捞芡 → 拌和 → 成馅

（4）制作方法：

①将叉烧肉切成片待用。②制面捞芡：先将猪油放入锅中烧热，洋葱片投入炸出香味，取出洋葱片，成为葱油。再将面粉倒入锅内搅匀，炒至呈微黄色，锅内再加清水、白糖、粟粉、食盐、酱油等原料，炒至锅内成糊状且冒大泡时起锅，待冷后成叉烧馅面捞芡。③将面捞芡加入叉烧肉中拌和均匀即成叉烧馅。

（5）制作要领：

①制面捞芡需小火慢炒。②面捞芡和叉烧的比例要适当。

（二）素馅的制作

素馅，俗称“菜馅”，是以新鲜蔬菜为主料制成的一种咸馅。根据制作方法，可分为生素馅、熟素馅和生熟素馅三类。

生素馅主要是以新鲜蔬菜、菌笋，如叶菜、茎菜、花菜、蘑菇、木耳、竹笋等为主制作而成的，辅以粉丝、豆干等干制蔬菜原料。

生素馅制作工艺程序：择洗泡发→刀工处理→去异味→去水分→调味→拌制成馅。

1. 生素馅（萝卜馅）

（1）馅料特点：

清新爽口。

（2）原料配方（单位；克）：

红皮萝卜	姜米	葱花	食盐	味精	胡椒粉	甜酱	芝麻香油
500	10	30	5	1	0.5	10	5

（3）工艺流程：

食盐等调味品

↓

（4）制作方法：

红皮萝卜去皮擦成细丝，用食盐稍腌一会，挤去多余的水分，加入葱花、姜米、食盐、甜酱、芝麻香油、味精、胡椒粉，拌匀即成。

（5）制作要领：

①萝卜的水分不能挤得太干，否则会失去风味。②调味准确。

熟素馅多采用干制菜品和一些豆制品等做原料，如笋尖、黄花菜、粉丝、雪里蕻、千张等。也可用一些鲜蔬菜配合，如香菜、青菜等，但比重较小。熟素馅采用的一些干制原料，都应经过水的涨发和泡制。

2. 熟素馅（素什锦馅）

（1）馅料特点：

馅心松爽，清淡鲜香。

（2）原料配方（单位：克）：

青菜	黄花菜	冬笋	冬菇	植物油	食盐
500	5	10	5	30	5
味精	白糖	姜末	葱花	芝麻香油	酱油
1	5	2	5	5	5

（3）工艺流程：

食盐等调味品 ↓

初加工 → 煸炒 → 调味 → 成馅

（4）制作方法：

将青菜择洗干净，放入沸水中焯一下，捞出用冷水浸凉，然后剁成碎末，挤干水分，放入盆内。黄花菜、冬菇用温水浸泡，冬笋用沸水焖煮，涨发至软，切成细末。炒锅中放入植物油烧热，加黄花菜、冬菇、冬笋、姜末煸炒，再加酱油、食盐、白糖翻炒入味，出锅冷透后，放入青菜盆内，加上葱花、味精、芝麻香油调拌均匀即成。

（5）制作要领：

①焯青菜时应注意保色，使其保持翠绿色泽；②调味准确。

第三节 常用面臊的制作工艺

面臊根据制法和用途不同，可分为汤面臊、卤汁面臊和干煵面臊三类。

一、汤面臊的制作工艺

1. 家常排骨面臊

（1）面臊特点：

色泽红亮、咸鲜微辣。

（2）原料配方（单位：克）：

猪排骨	郫县豆瓣	食盐	料酒	姜	葱	植物油	鲜汤	香料
500	75	4	10	8	25	50	1500	少许

（3）工艺流程：

切配 ➡ 烧制 ➡ 成品

（4）制作方法：

制面臊：猪排骨用刀剁成寸断。将锅置于旺火上，放植物油烧热、下郫县豆瓣炒香出色，掺入鲜汤烧沸，放入姜、葱、料酒、食盐、香料、猪排骨，用大火烧开，打去浮沫，再改用小火烧至排骨酥软即成面臊。

（5）制作要领：

①郫县豆瓣一定要剁细或者可将豆瓣渣去掉不用；②不能将汤汁收干，应留有部分汤汁。

2. 红烧牛肉面臊

（1）面臊特点：

味鲜美适口、醇香浓厚。

（2）原料配方（单位：克）：

牛肋条肉	姜	葱	料酒	糖色	花椒	食盐	鲜汤	香料
250	8	15	10	10	5	5	1500	少许

（3）工艺流程：

（4）制作方法：

牛肉切成2.5厘米见方的块，入热水锅中汆一下，除去血污。将锅置于中火上，加适量鲜汤烧沸，加食盐、料酒、葱、姜、花椒、香料、糖色，烧至牛肉成熟软烂，去掉姜、葱、香料、花椒即成面臊。

（5）制作要领：

①牛肉不宜切得太小。②烧牛肉面臊时应去尽浮沫。③加调料后要改用小火烧。

二、卤汁面臊的制作工艺

1. 炸酱面臊

（1）面臊特点：

面臊鲜香，咸鲜回甜。

（2）原料配方（单位：克）：

五花肉	黄酱	甜面酱	味精	胡椒粉	料酒
250	100	50	1	0.5	10
水淀粉	大葱	姜	八角	水	芝麻油
50	100	20	3	300	5

（3）工艺流程：

切配 → 炸酱 → 成品

（4）制作方法：

五花肉切成小丁，干黄酱和甜面酱加水稀释。锅内加油烧热，放八角、姜、葱炸香，下五花肉炒散，烹入料酒，继续炒至微微吐油，倒入酱汤，用小火继续加热，当酱汁收至稍浓时，加味精、胡椒粉调味，再加入少量水淀粉勾芡，浇上芝麻油，关火，将酱料盛入碗中备用。

（5）制作要领：

①五花肉颗粒不宜过小。

②八角、姜、葱炸香后可撇掉。

③炸酱时宜用小火，并不停翻炒。

2. 稀卤面臊

（1）面臊特点：

咸鲜清爽、滑爽适口。

（2）原料配方（单位：克）：

冬笋	香菇	木耳	黄花菜	鸡蛋液	食盐	胡椒粉
30	15	15	15	100	10	2
猪油	料酒	酱油	湿淀粉	原汤	姜葱	花椒
50	10	15	适量	适量	适量	适量

（3）工艺流程：

切配 ➡ 烧制 ➡ 成品

（4）制作方法：

将冬笋、香菇、木耳、黄花菜用水涨发后分别切成细丝。将锅置于旺火上，下猪油烧热，放入姜、葱、花椒炒香，去掉姜、葱、花椒不用，加入笋丝、香菇丝、木耳丝、黄花菜丝，炒香后加入原汤，加料酒、酱油、食盐、胡椒粉烹制20分钟左右，勾入湿淀粉成二流芡，最后淋上鸡蛋液即成面臊。

（5）制作要领：

①笋子、海带制作前先用水氽一下，去掉异味。

②芡汁干稀要适度,不能成团。

三、干煵面臊的制作工艺

担担面臊（脆臊）：

（1）面臊特点：

味咸鲜微辣、芽菜香味浓郁。

（2）原料配方（单位：克）：

猪肉	甜面酱	植物油	食盐	料酒
500	60	50	5	25

（3）工艺流程：

切配 ➡ 炒制 ➡ 成品

（4）制作方法：

将猪肉剁成肉末，将锅置于中火上，下植物油烧热，下肉末炒散籽，加料酒、甜面酱、食盐，炒至肉末吐油、酥香即成。

（5）制作要领：

①猪肉选择肥肉三成、瘦肉七成的,不宜剁得过细。②面臊必须炒干水分,才能达到酥香、色泽金黄。

1. 名词解释

（1）馅料。

（2）甜咸馅。

2. 填空题

（1）馅料按照口味，可分为__________、__________、__________。

（2）面臊根据制法和用途不同，可分为__________、__________、__________。

3. 简答题

（1）糖馅的主要组成部分有哪些？

（2）豆沙馅如何制作？

第六章

认识面团

MIANDIAN
GONGYI

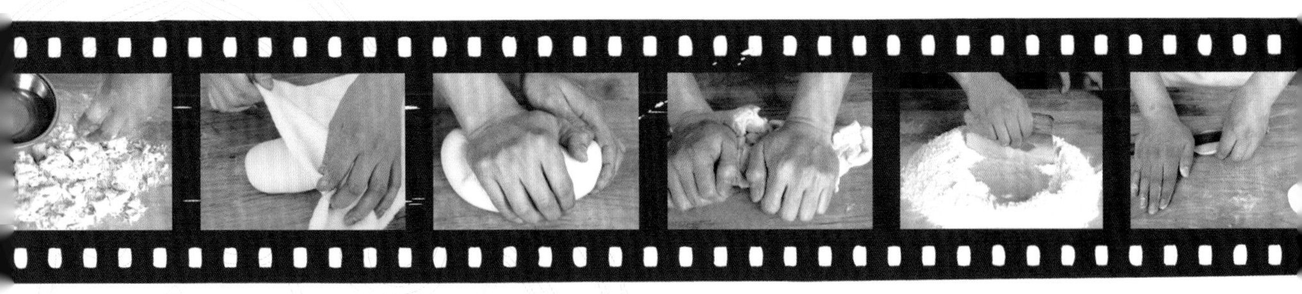

教学目的

通过本章的学习，让学生了解面团的概念、面团的分类和面团在面点制作中的作用，理解面团成团的基本原理，熟悉面团调制中影响面团成团的因素。

教学安排

6课时，其中课堂讲授4课时，实验实训2课时。

第一节 什么是面团

一、面团的概念

面团是指用各种粮食及其粉料（面粉、米及米粉和杂粮粉等）为主要原料，以油、蛋、乳、糖浆、水、果蔬汁等液体原料为辅助原料，经调制使粉粒相互黏结而形成的用来制作成品或半成品的均匀混合的团、浆——坯料的总称。

面团调制是面点制作的首要工序，也是最基本且重要的一道工序。从某种意义上讲，没有面团就无所谓面点制品。而粮食粉料的种类不同、掺入的辅助原料不同，采用的调制方法不同，形成的面团性质也就各不相同，因而就能得到不同质感特色的各种面点制品。

二、面团的作用

面团调制得好坏，对面点成品的色、香、味、形有着直接影响，对面点制作起着重要作用，是面点制作的基础条件。面团的作用归纳起来主要有以下几点：

1. 便于各种原料混合均匀

面团调制所使用的原料很多，有干性原料，如粮食粉料、白糖、蓬松剂等；有湿性原料，如水、油脂、蛋液、糖浆等。通过面团调制，可使各种干湿原料混合均匀，促使面团性质均匀一致。

2. 充分发挥皮坯原料应起的作用

面团主要用于制作面点皮料，起包裹作用，不同原料调制的面团性质有所差异。如用油脂和面粉调制的面团具有酥松性，用鸡蛋和面粉调制的蛋泡面糊具有膨松性，用冷水和面粉调制的面团具有良好的筋力和韧性，利用酵母发酵的面团具有良好的膨松性和特殊的发酵风味。只有通过面团调制，才能充分发挥出它们在面点制作中应起的作用。

3. 适合面点制品特点需要，丰富面点花色品种

面点制品分别具有松、软、爽滑、筋道、糯、膨松、酥、脆等质感特色。比如面条需要爽滑、筋道，包子需要暄软膨松，蒸饺需要软糯，油酥制品需要酥松等。除了原料特性以及熟制作用外，面团调制也是形成成品质感的重要因素。可通过面团调制改变原料的物理性质，形成具有不同物理性质的面团，使之适合面点制品特点的需要，从而也大大丰富了面点品种。比如，同样是面粉和水调制的面团，用冷水调制面团制作的面条就爽滑、筋道，而用沸水调制面团制作的蒸饺就软糯。

4. 便于面点成形

对大多数品种而言，产品制作时首先需要调制面团，因为形态的形成需要具备一定的条件，如一定的韧性、延伸性和可塑性等。比如，制作船点，如果面团没有很好的可塑性，就无法形成千姿百态、栩栩如生的形态；再如，制作水饺，如果面团没有良好的韧性和延伸性，也无法擀制出薄薄的饺子皮。因此，调制面团是面点成形的前提条件，是面点制作不可缺少的一道工序。

三、面团的分类

为了便于从理论上对面团作进一步研究，需要对面团进行系统的分类。按照面团构成的主要原料，可将面团分为麦粉类面团、米及米粉类面团、其他类面团。按照调制介质及面团形成的特性，可分为水调性面团、膨松性面团、油酥性面团、浆皮面团。

水调性面团是指粮食粉料与水调制而成的具有某种特性的面团。由于水温的差异，可将其再分为冷水面团、温水面团、热水面团和沸水面团。

膨松性面团是指在面团调制过程中加入适当的辅助原料，或采用适当的调制方法，使面团发生生物、化学和物理反应，产生或包裹大量气体，通过加热气体膨胀使制品膨松，呈海绵状组织结构的面团。膨松性面团按膨松方法可分为生物膨松面团、化学膨松面团和物理膨松面团三种。

油酥性面团是指用粮食粉料与一定的油脂调制而成的面团。按照油酥性面团的调制、加工方法，又可分为层酥面团和混酥面团两大类。

浆皮面团是指主要用面粉与糖浆一起调制而成的面团。

本书对面团的分类参照饮食行业中的习惯提法，又从科学的角度出发，既有理论性、科学性，又与饮食业的实际相适合，系统、全面地概括了面点制作所涉及的各类面团。面团的具体分类见表6.1：

表6.1 面团分类表

面团	大类	类别	细类	品种
面团	麦类面团	水调性面团	冷水面团	
			温水面团	
			热水面团	
			沸水面团	
		膨松性面团	生物膨松面团	酵母发酵面团
				酵种发酵面团
			化学膨松面团	
			物理膨松面团	蛋泡膨松面团
				油蛋膨松面团
				泡芙面团
		油酥性面团	层酥面团	
			混酥面团	
		浆皮面团		
	米及米粉类面团	米团		
		水调性面团	糕类粉团	
			团类粉团	
		膨松性面团	发酵粉团	
	其他类面团	澄粉面团		
		杂粮面团		
		果蔬面团		
		羹汤面团		
		冻类面团		

第二节 面团成团原理

面团的形成是由于面粉及米粉等粮食粉料所含的化学成分在调制过程中产生的物理、化学变化所致，这些物理、化学变化主要包括蛋白质溶胀作用、淀粉糊化作用、黏结作用、吸附作用。

一、蛋白质溶胀作用

（一）蛋白质溶胀作用形成面团的机理

蛋白质分子为链状结构，在链的一侧分布着大量的亲水基团，如羟基（OH）、胺基（NH2）、羧基（COOH）等，另一侧分布着大量的疏水基团。整个分子近似球形，疏水基团分布在球心，而亲水基团分布在球体外围。

面筋蛋白质是高分子的亲水性胶体化合物，与水有高度的亲和性，当蛋白质遇水时，水分子首先与蛋白质外围的亲水基相互作用形成水化物。这种水化作用首先在表面进行而后在内部展开。

蛋白质的溶液称为胶体溶液或溶胶，溶胶性质稳定而不易沉淀。在一定条件下，如溶液浓度增大或温度降低，蛋白质溶胶失去流动性就会成为软胶状的凝胶。凝胶进一步失水成为固态的干凝胶。面粉中的蛋白质即属于干凝胶。

蛋白质由溶胶变为凝胶、干凝胶的过程称作蛋白质的胶凝作用。由于蛋白质分子没有变性，故胶凝过程是可逆的。即蛋白质干凝胶能吸水膨胀形成凝胶，这个过程就是蛋白质的溶胀作用。这种溶胀作用对于不同的蛋白质有着不同限度。一种是无限溶胀，即干凝胶吸水膨胀形成凝胶后继续吸水形成溶胶，如面粉中的麦清蛋白和麦球蛋白；一种是有限溶胀，即干凝胶在一定条件下适度吸水变成凝胶后不再吸水，如麦谷蛋白和麦胶蛋白。

麦谷蛋白和麦胶蛋白的有限溶胀是面团形成的主要机理。当面粉与水混合后，面粉中的面筋性蛋白质——麦胶蛋白和麦谷蛋白迅速吸水溶胀，膨胀了的蛋白质颗粒互相连接起来形成面筋，经过揉搓可使面筋形成规则排列的面筋网络，即蛋白质骨架，同时面粉中的淀粉、纤维素等成分均匀分布在蛋白质骨架之中，就形成了面团。如冷水面团的形成就是蛋白质溶胀作用所致，其面团具有良好的筋力、弹性、韧性和延伸性。

蛋白质吸水胀润形成面筋的过程是分两步进行的。第一步：面粉与水混合后，水分子首先与蛋白质分子表面的极性基团结合形成水化物，吸水量较少，体积膨胀不大，是放热反应。第二步：水以扩散方式向蛋白质胶粒内部渗透，在胶粒内部有低分子量可溶性物质（无机盐类）存在，水分子扩散至内部使可溶性物质溶解而增加了浓度，形成一定的渗透压，使水大量向蛋白质胶粒内部渗透，从而使其分子内部的非极性基团外翻，水化了的极性基团内聚，面团体积膨胀，蛋白质分子肽链“松散、伸展”，相互交织在一起，形成面筋网络，而淀粉、水等成分填充其中，即形成凝胶面团，此阶段属不放热反应。水以扩散方式向胶粒渗透的过程实际上是缓慢的，这就需要借助外力，以加速渗透。所以，在和面时采用分次加水的办法，与面粉拌和，然后再进行揉面揣面，其作用就是使上述第二步扩散加速进行，使面筋网状结构充分形成。

与此同时，面粉中的淀粉也吸水胀润。

（二）面团的黏弹性及形成机理

面粉加水调制成团后，若放置在案板上，则会向下扁塌，面团在流动性这一点上好似液体；若施加外力使之变形，随时间推移它又会逐步恢复原形，但不能完全恢复，这一点性质近似固体的弹性。因此，面粉加水调制后会形成具有黏弹性的面团。

面团具有黏弹性性质，是由于面粉中的麦胶蛋白和麦谷蛋白与水混合后，形成了具有黏弹性的面筋所致。而麦胶蛋白、麦谷蛋白的黏弹性存在显著差别。麦胶蛋白不但黏性强，而且非常富有延伸性；而麦谷蛋白弹性强，但缺乏延伸性。面筋则兼备两种蛋白质的性质，即具有黏弹性。

为什么说麦胶蛋白赋予面团延伸性，而麦谷蛋白赋予面团弹性呢？这是两者蛋白质的分子结构不同所致。

麦胶蛋白分子量较小，约为20 000～50 000，分子呈球形，表面积也较小，且—S—S—（二硫基）分布在分子内部，在面筋体系中形成不太牢固的交联，从而使面筋具有良好的延伸性，可促进面团膨胀，赋予面团延伸性。而麦谷蛋白具有很的大分子量，约为50 000～1 000 000，分子呈纤维状，相应的麦谷蛋白的分子表面积很大，且部分—S—S—分布在分子外部（即麦谷蛋白既有分子内的—S—S—，也有分子间的—S—S—），分子与分子之间容易形成非共价键的聚合作用，形成强有力的交联，从而赋予面团弹性。分子与分子之间的交联越牢固，面筋的弹性越好。因此，麦胶蛋白分子和麦谷蛋白结构中—S—S—的交联作用，使蛋白质分子互相连接在一起形成大分子的网络结构，从而使面团黏弹性大大增加。

面筋蛋白质的氨基酸中，含有10%左右的含硫氨基酸（如半胱氨酸、胱氨酸）。这些含硫氨基酸在面筋的结合上起着重要的作用。它们中含有—S—S—（氧化型）和—SH（还原型）。—SH（硫氢基）的H具有易于移动的性质，所以—SH、—S—S—的位置发生转换，面筋即产生结合，形成大分子。为了使—SH、—S—S—的转换易于发生，两个基团必须接近或相对移动，这便是和面时为何要用力揉，充分揉匀、揉透，甚至需要捣、揣、摔打的原因。

此外，揉面过程中混入氧气，可促进面团中的—SH被氧化成—S—S—。当两个蛋白质分子的—SH部分接近，就会被氧化失去H，产生—S—S—的结合，即形成一定数量的—S—S—。而—S—S—的结合，有助于蛋白质肽琏间相互连接形成面筋网络，变成大分子，使面团变得紧实，弹性增加。

调制面团时，为使面粉中的—SH充分氧化，可采取的措施有：

（1）充分搓揉，使面团能与空气中的氧气充分接触，促进氧化作用的进行。

（2）添加氧化剂，如抗坏血酸、溴酸钾。

（三）面团的构成及形成机理

面粉与水混合后，面粉中的蛋白质和淀粉便开始了吸水过程，由于各种成分的吸水性不同，吸水量也有差异。面粉中的蛋白质具有较强的吸水性，可以吸收自身重量近两倍的水量，约占面团总吸水量的60%～70%；面粉中的淀粉在常温下仅能吸收约自身重量1/4的水量。

调制面团时，面粉与水混合后，面粉中的水分增加。一开始增加的这部分水全部为游离水，随着面粉中的蛋白质、淀粉吸水过程的进行，一部分游离水进入到蛋白质、淀粉胶粒内部变成结合水，面粉由干燥的粉状物变成含水的面团。在具体操作中，会有这样的感觉，一开始面团较软，黏性大，粘手、粘案板，而且缺乏弹性。通过反复揉搓，面团逐渐变硬，弹性增强，黏性降低。原因就在于游离水向结合水转变需要一个过程。

面团中游离水和结合水的比例，也决定着面团的物理性质。游离水可使面团具有流动性和延伸性。面粉吸水量增大，调制的面团趋于柔软；面粉吸水量降低，调制的面团硬度增加，但面粉的吸水量不能无限小，要保证面粉中的蛋白质能充分吸水形成面筋。一般面粉的吸水量不低于35%。面粉吸水量小，面团中结合水比例大，面筋结构就紧密，面团的弹性、韧性强。面粉吸水量增大，面团中的游离水增加，面筋网络中的水分增多，蛋白质分子间的交联作用减弱，面团弹性、韧性就相对降低，延伸性增强。因而，软面团较硬面团易于延伸。

已调制好的面团，由固、液、气三相构成。淀粉、麸星和不溶性蛋白质构成了面团的固相，即面粉固性物中，除去可溶性成分（可溶性糖、可溶性蛋白质、无机盐等）就构成了面团的固相。液相由游离水及溶解在水中的物质构成。气相由气体构成。面团中的气体有三个来源：面团在调制过程中混入的，酵母在发酵过程中产生的，面团中加入的化学蓬松剂产生的。面团中的气体，对形成面团疏松多孔结构起着重要作用，尤其是对发酵面团、化学膨松面团、物理膨松面团、油酥面团等，水调面团中则要尽量减少气体含量。

面团中三相之间的比例关系，影响着面团的物理性质。面团中液相比例增大，面团的弹性会减弱；面团中的气相比例增大，面团的弹性和延伸性都会减弱；面团中的固相比例增大，则面团硬度增大、韧性强。

二、淀粉糊化作用

将淀粉在水中加热到一定温度后，淀粉粒开始吸收水分而膨胀，温度继续上升，淀粉颗粒继续膨胀，可达原体积几倍到十几倍，最后淀粉粒破裂，形成均匀的黏稠糊状溶液，这种现象称为淀粉的糊化。糊化时的温度称为糊化温度。

各种淀粉的糊化温度不同，见表6.2。同一种淀粉，颗粒大小不同，其糊化难易程度也不相同，较大的颗粒容易糊化，能在较低的温度糊化。因为各个淀粉颗粒的糊化温度不一致，通常用糊化开始的温度和糊化完成的温度表示糊化温度。

表6.2 几种谷物淀粉的糊化温度（℃）

淀粉名称	糊化开始的温度	糊化完成的温度
小麦淀粉	58	65
大米淀粉	63	78
玉米淀粉	62	72
马铃薯淀粉	65	71
甘薯淀粉	61	67

淀粉糊化后黏性会迅速增强，黏度随温度的上升增高很快。有些特殊面团的调制中常利用淀粉发生糊化产生的黏性形成面团。如澄粉面团、米粉面团、沸水面团等。

三、黏结作用

有一些面团，是利用具有黏性的物质使皮坯原料彼此黏结在一起而形成的。如混酥面团成团与油脂、蛋液的黏性有关；四川小吃中的珍珠圆子坏料是利用蛋液和淀粉趁热加入刚煮好的糯米中产生的黏性使米粒彼此黏结在一起而形成面团的。

四、吸附作用

很多原料本身具有一定的吸附性，可以相互影响。如干油酥面团的形成，是依靠油脂对面粉颗粒表面的吸附作用而形成面团的。

第三节 影响面团形成的因素

一、原料因素

（一）水

水在面团调制中可从两方面影响面团的形成，即水量和水温。

（1）水量。绝大多数面团调制时需要加水，加水量多少视制品需要而定。调制同样软硬的面团，加水量要受面粉质量、添加的辅料、温度等因素影响。面粉中面筋含量高，吸水率大，反之则小；精制粉的吸水率比标准粉大；面粉干燥含水量低，吸水率大，反之则小；面团中油、糖、蛋用量增多，面团的加水量要减少；气温低，空气湿度小，加水多些，反之则少些。

（2）水温。水温与面筋的生成和淀粉糊化有着密切关系，不同水温调制的面团性质有所不同。水温30℃时，麦胶蛋白、麦谷蛋白最大限度胀润，吸水率达到最大，有助于面筋充分形成，但对淀粉影响不大。当水温超过60℃时，淀粉吸水膨胀、糊化，蛋白质变性凝固吸水率降低。当水温到100℃时，蛋白质完全变性，不能形成面筋，而淀粉大量吸水，膨胀破裂，糊化，黏度很大。所以，调制面团时要根据制品性质需要选择适当水温。

（二）油 脂

油脂中存在大量的疏水基，使油脂具有疏水性。在面团调制时，加入油脂后，油脂就与面粉中的其他物质形成两相，油脂分布在蛋白质和淀粉粒的周围，形成油膜，限制了面筋蛋白质的吸水作用，阻止了面筋的形成，使面粉吸水率降低。面团中加入的油脂越多，对面粉吸水率的影响越大，面团中面筋生成越少，筋力降低程度越大。一般每增加1%的油脂，面粉吸水率相应降低1%。

面团中加入油脂，使油脂覆盖于面粉颗粒周围并形成油膜，除了可降低面粉吸水率限制面筋生成外，还由于油脂的隔离作用，可使已经形成的面筋微粒不能互相结合而形成大的面筋网络，从而降低面团的黏性、弹性和韧性，增加了面团的可塑性，增强了面团的酥性结构。

（三）糖

糖的溶解度大，吸水性强。在调制面团时，糖会迅速夺取面团中的水分，在蛋白质胶粒外部形成较高渗透压，使胶粒内部的水分产生渗透作用，从而降低蛋白质胶粒的胀润度，使面筋的生成量减少。再由于糖的分子量小，较容易渗透到吸水后的蛋白质分子或其他物质分子中，占据一定的空间位置，会置换出部分结合水，形成游离水，使面团软化，弹性和延伸性降低，可塑性增大。因此，糖在面团调制过程中起反水化作用。大约每增加1%的糖，会使面粉吸水率降低0.6%左右。在糖对面粉的反水化作用上，双糖比单糖的作用大，糖浆比糖粉的作用大。

糖不仅可用来调节面筋的胀润度，使面团具有可塑性，还能防止制品收缩变形。

（四）鸡蛋液

鸡蛋中的蛋清是一种亲水性液体，具有良好的起泡性。在高速机械搅打下，大量空气均匀混入蛋液中，使蛋液体积膨胀，拌入面粉及其他辅料后，经成熟即可形成疏松多孔、柔软而富有弹性的海绵蛋糕类产品。

鸡蛋液具有较高的黏稠度，在一些面团中，常作为黏结剂，促进坯料彼此的黏结，使面团更加细腻光滑。蛋黄中含有大量的卵磷脂，具有良好的乳化性能，可使油、水、糖充分乳化，均匀分散在面团中，促进制品组织细腻，增加制品的疏松性。

蛋液中含有大量水分和蛋白质，用蛋液调制的筋性面团，面团的筋力、韧性可得到加强，使制品的筋道性、滑爽性增强。

（五）食　盐

调制面团时，加入适量的食盐，可以增加面筋的筋力，使面团质地紧密，弹性与强度增加。食盐本身为强电解质，其强烈的水化作用往往能剥去蛋白质分子表面的水化层，从而使蛋白质溶解度降低，胶粒分子间距离缩小，弹性增强。但食盐用量过多，会使面筋变脆，破坏面团的筋力，使面团容易断裂。因而调制面团时要控制好食盐的加入量，合理利用食盐，使其促进面团筋力的形成，增加面团的弹韧性。

（六）食　碱

面团中加入适量的食碱，可以软化面筋，降低面团的弹性，增加其延伸性。面团加食碱后，面团的pH值发生改变。当面团pH偏离蛋白质等电点时，蛋白质溶解度增大，蛋白质水化作用增强，面筋延伸性增加。拉面、抻面就是因为加了食碱，才变得容易延伸，否则在加工过程中很容易断裂；这也是一般机制面条都要加食碱的原因。食碱还有中和酸的作用，这是酵种发酵面团扎碱的目的。

二、操作因素

1. 投料顺序

面团调制时，投料顺序不同，也会使面团的工艺性能产生差异。比如，调制酥性面团，要将油、糖、蛋、乳、水先行搅拌乳化，再加入面粉拌和成团。若将所有原料一起拌和或先加水，后加油、糖，势必造成部分面粉吸水多，部分面粉吸油多，使面团筋酥不匀，制品僵缩不松；又如调制物理膨松面团，一般情况下要先将蛋液或油脂搅打起发后，再拌入面粉，而不能先加入面粉，否则易造成面糊起筋，制品僵硬不疏松；再如调制酵母发酵面团，干酵母不能直接与糖放在一起，而应混入面粉中，否则面粉掺水后，糖迅速溶解产生较高的渗透压，严重影响酵母的活性，抑制面团发酵，使面团不能进行正常发酵。

2. 调制时间

调制时间是控制面筋形成程度和限制面团弹性最直接的因素，也就是说面筋蛋白质的水化过程会在面团调制过程中加速进行。掌握适当的调制时间和速度，会获得理想的效果。由于各种面团的性质、特点不同，对面团调制时间要求也不一样。酥性面团要求筋性较低，因此调制时间要短。筋性面团的调制时间较长，要使面筋蛋白质充分吸水形成面筋，增强韧性。

3. 面团饧面时间

饧面时间的长短可引起面团物理性能的变化。不同的面团对饧面时间的要求不同。酥性面团调制后不需要饧面，而应立即成形，否则面团会生筋，夏季易走油而影响操作，影响成品质量。筋性面团调制后，弹性、韧性较强，无法立即进行成形操作，要饧面10～30分钟，让面团中的水化作用继续进行，达到消除张力的目的，使面团渐趋松驰而有延伸性。饧面时间短，面团擀制时就不宜延伸；饧面时间过长，面团外表会发硬而丧失胶体物质特性，内部稀软不易成形。

1. 名词解释

（1）面团。

（2）淀粉糊化。

2. 填空题

（1）面团按照调制介质及面团形成的特性可分为__________、__________、__________和__________。

（2）面团形成的原理是__________、__________、__________和吸附作用。

（3）面团的延伸性是麦胶蛋白赋予的，而面团的弹性是__________赋予的。

3. 简答题

（1）面团的作用是什么？

（2）影响面团形成的因素有哪些？

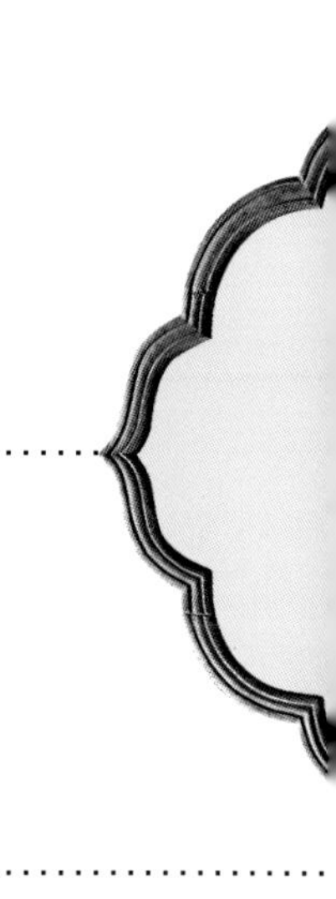

第七章

学会调制水调面团

教学目的

通过本章的学习，让学生了解水调面团的定义、成团原理、分类及其特点，理解水调面团成团的影响因素，掌握相关的理论知识和调制方法，并能在实际操作中加以运用。

教学安排

8课时，其中课堂讲授4课时，实验实训4课时。

第一节 什么是水调面团

水调面团，是指用面粉加水（有些需添加少量辅料，如食盐、食碱等）调制而成，不经发酵的面团。故水调面团又有水面、死面、呆面等别称。

根据面团调制时所用水的温度不同，水调面团又分为冷水面团、温水面团、热水面团、沸水面团（见表7.1）。

表7.1 水调面团的分类

	调制水温	成团原理	面团特点	品种举例
冷水面团	30℃左右的冷水	蛋白质溶胀作用	色白，筋力强，富有弹性、韧性、延伸性	韭菜水饺
温水面团	60℃～80℃的温水	蛋白质溶胀作用、淀粉糊化作用	色较白，有一定筋力，可塑性良好	花式蒸饺
热水面团	80℃以上的热水	蛋白质溶胀作用、淀粉糊化作用	色较暗，有一定筋力，可塑性良好	锅贴饺子
沸水面团	100℃的沸水（锅内）	淀粉糊化作用	色暗，粘糯、无筋力，可塑性好	南瓜蒸饺

不同的水温使面粉中所含的淀粉和蛋白质出现了不同物理性质的变化，从而导致四种面团性质各异。

面粉中所含面筋蛋白质在30℃时，吸水溶胀作用最大，吸水量高达150%～200%，当温度偏高或偏低时，面筋蛋白质的溶胀度都会有所下降。而当温度升高到60℃～70℃时，面筋蛋白质的吸水率明显下降，发生热变性逐渐凝固，面团筋力下降，弹性和延伸性减弱。

面粉中所含淀粉不溶于冷水，在常温下吸水率和膨胀率都很低，易沉淀。当水温达到53℃以上时，淀粉颗粒开始明显膨胀，吸水率增加。当水温升到60℃时，淀粉颗粒开始糊化生成糊精，黏性增加。随着水温的增加淀粉糊化程度增大，吸水率也增强，黏性也越强。

第二节 学会调制冷水面团

冷水面团亦称子面，是指用30℃左右的冷水（通常指常温的水）调制而成的水调面团。其成团原理为蛋白质溶胀作用，其面团色白，筋力强，富有弹性、韧性、延伸性。

一、冷水面团的种类

冷水面团的调制过程中，水量至关重要，将直接影响到面团的物理性质和具体用途。根据加水量的多少，冷水面团可分为硬面团、软面团和稀面团三种。硬面团坚实，韧性好，适合制作刀削面、抄手皮等；软面团软和，弹性、韧性、延伸性俱佳，适合制作饼类、抻面等；稀面团稀软，延伸性好，适合制作春卷皮、拨鱼面等。

二、冷水面团的配方

	面粉	冷水
硬面团	500 克	200～220 克
软面团	500 克	220～300 克
稀面团	500 克	300 克以上

三、冷水面团的调制方法

下粉 → 掺冷水 → 和面 → 揉面 → 饧面

调制冷水硬面团或软面团时，先将面粉置于案板上，刨出凹坑，加水，采用抄拌法或者调和法和成雪花片，然后再反复揉至面团光滑、细腻、均匀，盖上干净的湿毛巾饧面。

调制冷水稀面团时，一般将面粉置于盆中，加入大部分水，搅和成软面团，再逐步加水调制成团或浆，静置饧面。

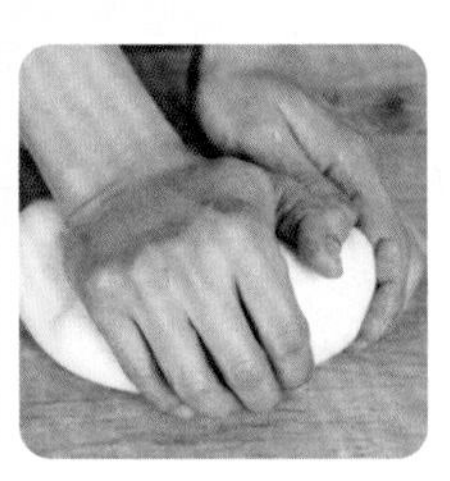

四、冷水面团调制工艺的要领

（1）水温要适当。温度将影响面筋蛋白质的溶胀作用，从而影响面团的筋力。因此，调制冷水面团时，宜采用30℃左右的冷水，有助于面筋蛋白质吸水形成面筋，从而增加面团的弹性、韧性和延伸性。

（2）水量要准确。水量直接影响到面团的物理性质和具体用途。因此，面团配方应事先确定，并在操作中准确添加。不宜调制成团后，再加水或者加粉来调节面团软硬，这样既费时费力，还将影响面团质量。

（3）和面时分次加水。和面时，一般分2～3次加水，第一次加70%～80%，第二次加20%～30%，第三次将剩余的少量的水洒在表面。分次加水可以很好地掌握面粉吸水情况，从而准确掌控加水量。

（4）可添加适量的食盐、食碱或鸡蛋，增加面团筋力。面团中添加适量的食盐、食碱或鸡蛋，将促进面筋蛋白质吸水溶胀，从而增加面团筋力，增强面团的弹性、韧性和延伸性，使制品口感爽滑、筋道。

（5）充分、适度揉面。行话云“揉能上劲”。经过充分揉制的面团，面筋网络得到规则伸展，从而使面团具有良好的弹性、韧性和延伸性。而没有充分揉制则面筋网络不规则伸展，筋力差。但也不是揉制越久越好，久揉面筋网络衰竭、断裂，面团的弹性、韧性又会降低，品质下降。因此，揉面应充分、适度。

（6）适度饧面。饧面时需盖上干净的湿毛巾，可避免表皮干裂。

五、代表性品种举例

韭菜水饺

（1）品种特点：

皮薄馅嫩，咸鲜可口，韭香怡人。

（2）产品配方：

面团：面粉150克，冷水70克（冷水软面团，稍偏硬）。

馅心：水打馅150克，韭菜100克。

（3）工艺流程：

制馅

面团调制 → 制皮 → 包馅成形 → 煮 → 装盘 → 成品

（4）制作方法：

① 面粉加冷水调制成冷水软面团（稍偏硬），盖上湿毛巾饧面约5分钟。

② 韭菜洗净，切成细末，加入水打馅中拌匀，即成韭菜肉末馅，备用。

③ 面团取出，搓条，摘成约9克的剂子，擀成直径约7厘米的中间厚边缘薄的圆皮，包入馅心，捏成北方水饺造型。

④ 火旺、水开水宽，先用勺将水推转，下饺子生坯，水开后多次点水，直至制品成熟（取一饺子，用手轻按，能迅速回弹即熟），捞出，沥干水分装入盘中。

（5）制作要领：

①面团软硬要合适。②馅心调制要准确。③掌握煮制要领。

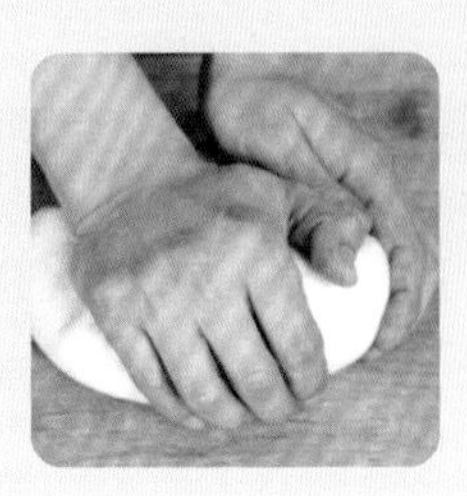

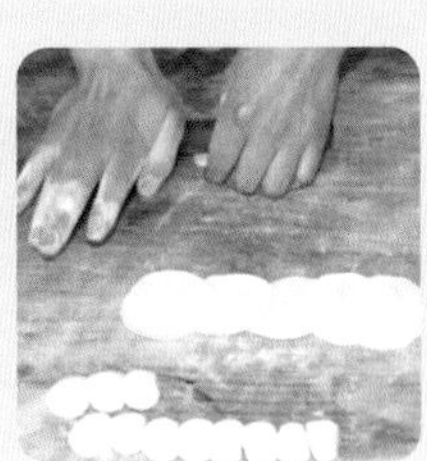

第三节 学会调制温水面团

温水面团是指用60℃～80℃的温水调制而成的水调面团。其成团原理为蛋白质溶胀作用和淀粉糊化作用的共同作用，面团颜色较白，有一定筋力，可塑性良好，适合制作花式蒸饺、煎饼类等面点。

一、温水面团的配方

面粉	温水	猪油
500 克	250～300 克	20 克

二、温水面团的调制方法

下粉 ➡ 掺温水 ➡ 和面 ➡ 揉面 ➡ 散热 ➡ 揉面 ➡ 饧面

调制温水面团时，先将面粉置于案板上或置于盆内，刨出凹坑，掺入温水，采用搅和法迅速和成雪花片，然后再反复揉制成团，用手擦成小片或切成小块晾凉，再加猪油进一步揉至面团光滑、细腻、均匀，盖上干净的湿毛巾饧面。

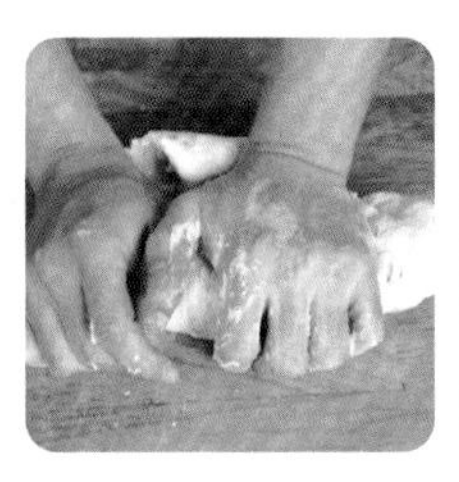

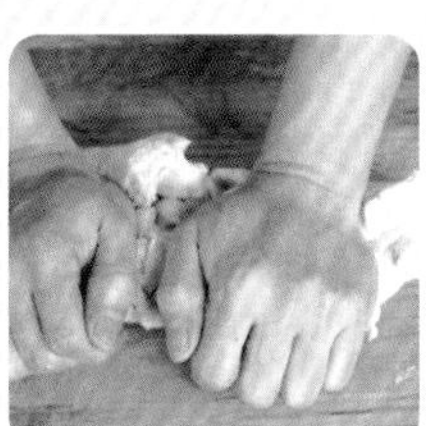
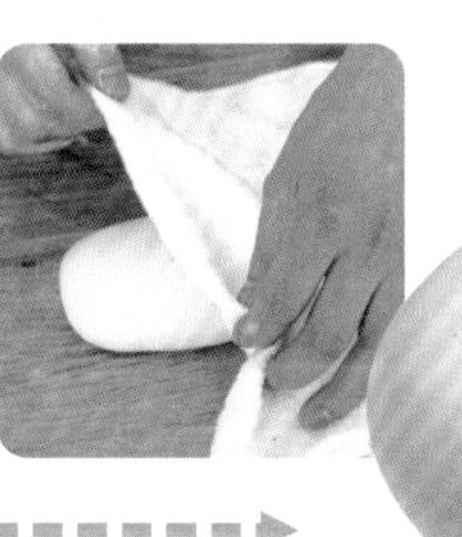

三、温水面团调制工艺要领

（1）水温要适当。温度将影响面筋蛋白质的溶胀作用和淀粉糊化作用，从而影响面团的筋力和可塑性。因此，调制温水面团时，宜采用60℃～80℃的温水，从而使面团在两种作用下成团，既有一定筋力，又有良好的可塑性。

（2）水量要准确。随着水温的升高，淀粉的糊化程度增加，面粉吸水量增加，反之则减少。因此，面团配方应事先确定，并在操作中准确添加。

（3）和面动作要快。掺入温水后迅速和成团，将有利于保证水温的准确性，有利于保证面团性质。否则，操作动作缓慢，水温迅速下降，将使面团达不到要求。

（4）充分散热。将面团擦成小片或切成小块晾凉，否则易使热气郁积于面团内部，使淀粉糊化过度，导致面团内部变软发黏，表皮干裂粗糙，严重影响成品质量。

（5）充分揉面。温水面团因有淀粉糊化作用，面团颜色相对于冷水面团要暗。后期加入适量猪油并充分揉面，将会使面团颜色更洁白，面点制品也会使人更有食欲。

（6）适度饧面。

四、代表性品种举例

四喜蒸饺

（1）品种特点：

造型美观，色彩艳丽，鲜美可口。

（2）产品配方：

面团：面粉150克，温水75克，猪油5克。

馅心：水打馅200克，菠菜50克，胡萝卜50克，鸡蛋2个，食盐2克，味精2克，胡椒粉1克。

（3）工艺流程：

制馅 ↓ 包馅成形

面团调制 → 制皮 → 包馅成形 → 蒸 → 装盘 → 成品

（4）制作方法：

① 面粉加温水调制成团，加猪油揉匀，盖上湿毛巾饧面约5分钟。

② 胡萝卜、鸡蛋下水锅煮熟，菠菜焯水，然后将胡萝卜、蛋白、蛋黄、菠菜分别剁碎后加食盐、味精、胡椒粉调味备用。

③ 面团取出，搓条，摘成约9克的剂子，擀成直径约7厘米的圆皮，填入水打馅，捏成四角空造型，然后将胡萝卜碎、蛋白碎、蛋黄碎、菠菜碎分别填入四个窟窿眼，即成四喜蒸饺生坯。

④ 将饺子生坯放入刷油的笼内，间隔一指宽。火旺水开，蒸约5～6分钟即熟，取出装盘。

（5）制作要领：

① 正确掌握温水面团调制要领。② 馅心调制要准确，宜凝结后使用。③ 成形手法要到位，确保造型美观。④ 准确掌握蒸的时间。

第四节 学会调制热水面团

热水面团又称烫面，是指用80℃以上的热水调制而成的水调面团。其成团原理为蛋白质溶胀作用和淀粉糊化作用的共同作用，面团色较暗，有一定筋力，可塑性良好。热水面团适合制作煎、炸、烙、蒸等品种面点，如锅贴饺子、春饼等。

一、热水面团的种类

热水面团调制过程中，水温至关重要，将直接影响到面团的物理性质和具体用途。根据水温的高低，热水面团可分为二生面、三生面和四生面等。不同的水温，将使热水面团中保持生面粉特质和面粉受热变性的比例大小有所不同。三生面中有三成面粉保持生面粉的特质，而七成的面粉已经受热变性。

二、热水面团的配方

	面粉（克）	水量（克）	水温（℃）	猪油（克）
二生面	500	300～400	100	20
三生面	500	300～350	90	20
四生面	500	230～300	80	20

三、热水面团的调制方法

下粉 → 掺热水 → 拌和 → 洒冷水 → 揉面 → 散热 → 揉面 → 饧面

调制热水面团的方法与调制温水面团的类似。先将面粉置于案板上或置于盆内，刨出凹坑，掺入热水，采用搅和法迅速和成雪花片，然后洒上少许冷水，再反复揉制成团，用手擦成小片或切成小块晾凉，再加猪油进一步揉至面团光滑、细腻、均匀，盖上干净的湿毛巾饧面。

四、热水面团调制工艺的要领

（1）水温要适当。温度将影响面粉热变性的程度，从而影响其面团性质。

（2）水量要准确。

（3）热水要浇匀，并且拌和动作要快。调制过程中，边浇热水边迅速拌和，有利于面粉热变性，使面团的性质均匀一致。

（4）拌和均匀后洒冷水。面团拌和均匀后洒少许冷水，可以使粉粒迅速降温，使淀粉糊化作用减缓，可使面团的粘糯性符合要求，从而使制品软糯但不粘牙。

（5）充分散热。

（6）充分揉面。

（7）适度饧面。

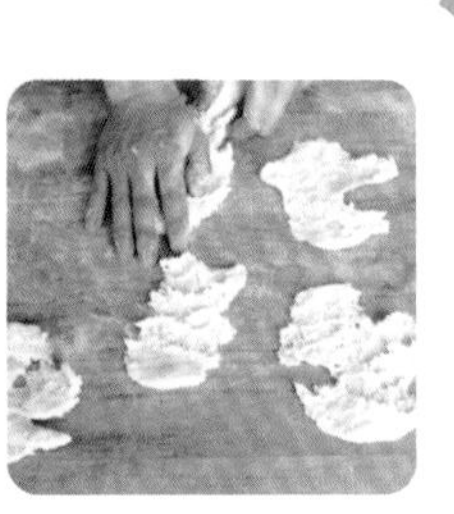

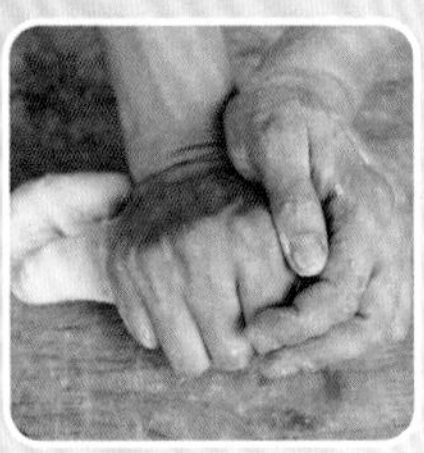

五、代表性品种举例

锅贴饺子

（1）品种特点：

底部金黄酥脆、饺皮柔软油润，馅心咸鲜多汁。

（2）产品配方：

面团：面粉150克，热水90克，猪油5克。

馅心：水打馅250克。

辅料:沸水50克，植物油25克。

（3）工艺流程：

制馅 ↓

面团调制 → 制皮 → 包馅成形 → 水油煎 → 装盘 → 成品

（4）制作方法：

① 面粉加热水调制成三生面，加猪油揉匀，盖上湿毛巾饧面约5分钟。

② 取出面团，搓条，摘成约9克的剂子，擀成直径约7厘米的圆皮，填入水打

馅，捏成月牙饺生坯。

③ 将平底锅置于小火上，加入少许植物油烧热，将饺坯由外向内摆入，稍煎后洒上水油混合物（沸水中加入少许植物油），盖上锅盖，不断转动平底锅使饺子受热均匀。待锅内水将干、发出爆裂声时揭开锅盖，继续煎至底部金黄，起锅，底部向上装入盘中。

（5）制作要领：

① 面团水温和水量要准确。② 注意包捏手法。③ 煎制时注意火力，并不停地转锅。④ 如果第一次水干后没有熟透，可洒少许水油混合物继续煎制。

第五节 学会调制沸水面团

沸水面团亦称开水面团、全熟面团，有些地方也称之为烫面，是指锅内加水烧开，将面粉过筛后加入其中调制而成的水调面团。其成团原理为淀粉糊化作用，蛋白质完全热变性，因此面团具有色暗、黏糯、无筋力、可塑性好等特点。

一、沸水面团的配方

面粉	沸水	猪油
500 克	450～550 克	20 克

二、沸水面团的调制方法

面粉过筛 → **下粉**

↓

锅内加水烧开 → **烫面** → **散热** → **揉面** → **饧面**

调制沸水面团与调制冷水面团、温水面团、热水面团有较大的区别，需要在锅内进行。将锅置于火上，加入清水烧开，将火力调小，使水面保持微沸。然后将过筛后的面粉倒入，迅速用擀面棍快速搅拌，直至面粉全部烫熟成团，收干水汽后取出置于案板上，用手摖成小片或切成小块晾凉，再加猪油进一步揉至面团光滑、细腻、均匀，盖上干净的湿毛巾饧面。

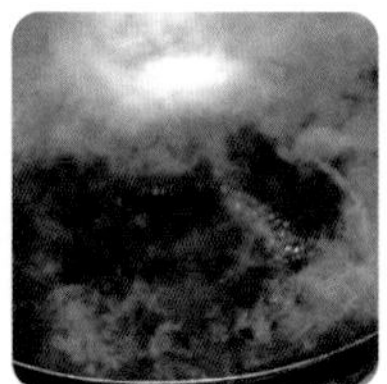

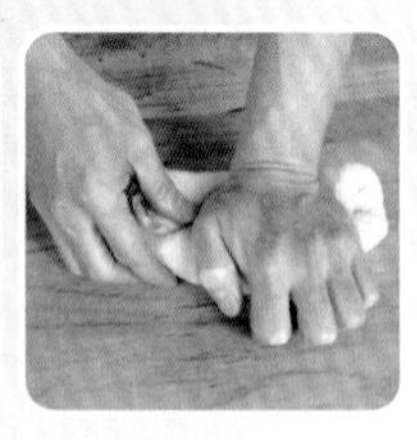
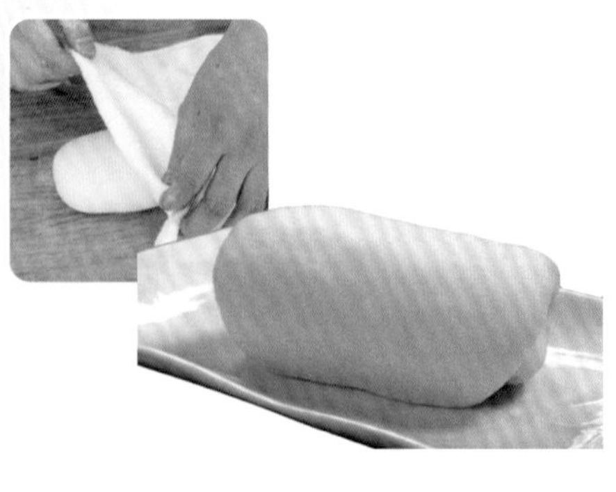

三、沸水面团调制工艺的要领

（1）面粉要过筛。面粉过筛后将更加膨松、细腻。粉料加入水中后，由于水的表面张力的作用，会把粉粒包裹成球状。过筛后的面粉将形成小粉粒，更容易受热糊化成熟，从而可避免面团中夹杂生粉粒。

（2）火力大小要适中。水烧开后应将火力调小，避免火力太旺，使面团外焦内生。

（3）水量要一次性加准。沸水面团调成团后不能调整，如水量不准确，将影响到面团性质和成品质量。

（4）烫匀、烫透。面粉加入水中后，应迅速搅匀，并充分烫透，使面团达到全熟。

（5）充分散热。

（6）充分揉面。

（7）适度饧面。

四、代表性品种举例

南瓜蒸饺

（1）品种特点：

饺皮软糯，馅心滋润，咸甜微麻。

（2）产品配方：

面团：面粉150克，清水150克、猪油5克。

馅心：猪肉末150克，老南瓜净肉150克，甜面酱10克，食盐2克，味精1克，胡椒粉0.3克，料酒5克，姜末1克，葱花5克，花椒粉0.5克，香油5克，植物油50克。

（3）工艺流程：

制馅

（4）制作方法：

①面粉、水、猪油调制成沸水面团，盖上湿毛巾饧面约5分钟。②老南瓜净肉切成绿豆大小的颗粒。将锅置于火上，热锅冷油先炙锅，锅内加植物油下猪肉末炒散，烹入少许的料酒炒干水汽，加姜末、甜面酱炒香，再加食盐、味精、胡椒粉调味，加入南瓜颗粒炒断生，出锅装入盘中，淋香油，撒葱花和花椒粉，冷后拌匀即成馅心。③面团取出，搓条，摘成约9克的剂子，擀成直径约7厘米的圆皮，包入馅心，捏成月牙饺造型。④将饺子生坯放入刷油的笼内，间隔一指宽。火旺水开，蒸约5～6分钟即熟。

（5）制作要领：

①注意烫面的技巧。②馅心调制要准确。③成形手法要到位。④准确掌握蒸制要领。

思考题

一、名词解释

（1）水调面团。

（2）子面。

（3）热水面团。

二、填空题

（1）温水面团的成团原理是__________和__________。

（2）水调面团中，__________面团色暗、粘糯、无筋力。

（3）面筋蛋白质的最佳溶胀温度是__________℃，淀粉糊化的开始温度是__________℃。

三、简答题

（1）根据调制水温的不同，水调面团可以分为哪几类？

（2）冷水面团的调制工艺要领有哪些？

第八章

学会调制膨松面团

MIANDIAN
GONGYI

教学目的

通过本章的学习，让学生了解膨松面团的定义、成团原理、分类及其特点，理解膨松面团成团的影响因素，掌握相关的理论知识和调制方法，并能在实际操作中加以运用。

教学安排

8课时，其中课堂讲授4课时，实验实训4课时。

第一节 什么是膨松面团

在面团调制过程中加入适当的辅助原料，或者采用适当的调制方法，使面团产生或包裹大量气体，或者在生坯加热成熟过程中产生气体使制品膨松，内部结构由紧实变为松散，可收到改变制品口感的效果。

根据膨松方法的不同，我们把膨松面团分为生物膨松面团、物理膨松面团、化学膨松面团（见表8.1）。

表8.1 膨松面团的分类

	蓬松剂	膨松原理	面团特点	品种举例
生物膨松面团	酵母菌	酵母菌发酵产生 CO_2 气体	膨胀松软	花卷
物理膨松面团	蛋液、油脂	蛋液、油脂被物理搅打充气起泡	表现为较浓稠的膏状物	凉蛋糕
化学膨松面团	小苏打、泡打粉等化学蓬松剂	化学蓬松剂在制品加热成熟时发生化学反应产生气体	和没加蓬松剂的面团状态一样	油条

第二节 学会调制生物膨松面团

生物膨松面团也称为发酵面团，是面粉中加入适量酵种或酵母和水拌揉均匀后，置于适宜的温度下发酵，通过酵母的发酵作用，得到的膨胀松软的面团。该面团适宜制作馒头、花卷、大包等面点。制品体积膨大、形态饱满、口感松软，营养丰富。

一、生物膨松面团的种类

生物膨松面团根据酵母菌的来源可分为酵种发酵面团和酵母发酵面团。

酵种发酵面团使用酵种（又称老面、面肥等）作为蓬松剂，所做的制品香味更丰富一些。但由于有产酸菌使得面团呈酸性，需在后期加入碱性物质进行酸碱中和，故制作过程较复杂并难以控制效果。

酵母发酵面团使用酵母菌（如解酵母，即发活性干酵母等）作为蓬松剂，所做的制品松泡度更好，但香味较单一。制作过程中由于没有产酸菌使得效果更好控制。

发酵程度的不同，会使制品有不同的效果，据此可调出特性各异的发酵面团（见表8.2）：

表8.2 发酵程度不同面团的特性

	发酵程度	面团特点	成品特点	品种举例
大酵面（全酵面、登发面）	发酵成熟	面团体积最大，弹韧性有所降低	泡度好，柔软，易消化	馒头、花卷、大包
小酵面（嫩酵面）	发酵还未成熟	面团体积有所增加，但弹韧性还较好	较绵韧，较有嚼劲	汤包、小笼包、刺猬包
开花酵面	发酵稍微过度	面团体积变大后又有缩小，面筋部分断裂，弹韧性明显降低	制品成熟后表面自然开裂，类似花瓣盛开	开花馒头、叉烧包

四喜卷

刺猬包

叉烧包

另，为了达到更加独特的效果，可用面粉加热沸水调制成热水面团，稍冷后加入酵种揉制、发酵，调制出生物膨松面团，叫烫酵面，俗称“熟酵”。这样做出的成品具有筋性小、柔软，口感软糯、色泽较暗的特点，适宜制作煎、烘烤成熟的饼类，如黄桥烧饼。

二、生物膨松面团的配方

	面粉（克）	水（克）	蓬松剂
酵母发酵面团	500	225～300	干酵母：1%～2%
酵种发酵面团	500	225～300	酵种：10%～20%

三、生物膨松面团的调制方法

（1）酵种发酵面团：先将面粉置于案板上，刨出凹坑，再加入酵种、白糖、水，揉匀揉透，盖上湿毛巾静置，使之发酵。发好后加入适量猪油、小苏打兑为正碱，盖上湿毛巾。

（2）酵母发酵面团：先将面粉置于案板上，刨出凹坑，干酵母、白糖加温热水溶化，加入面粉中和成面团，然后加猪油揉匀揉透，盖上湿毛巾饧面。

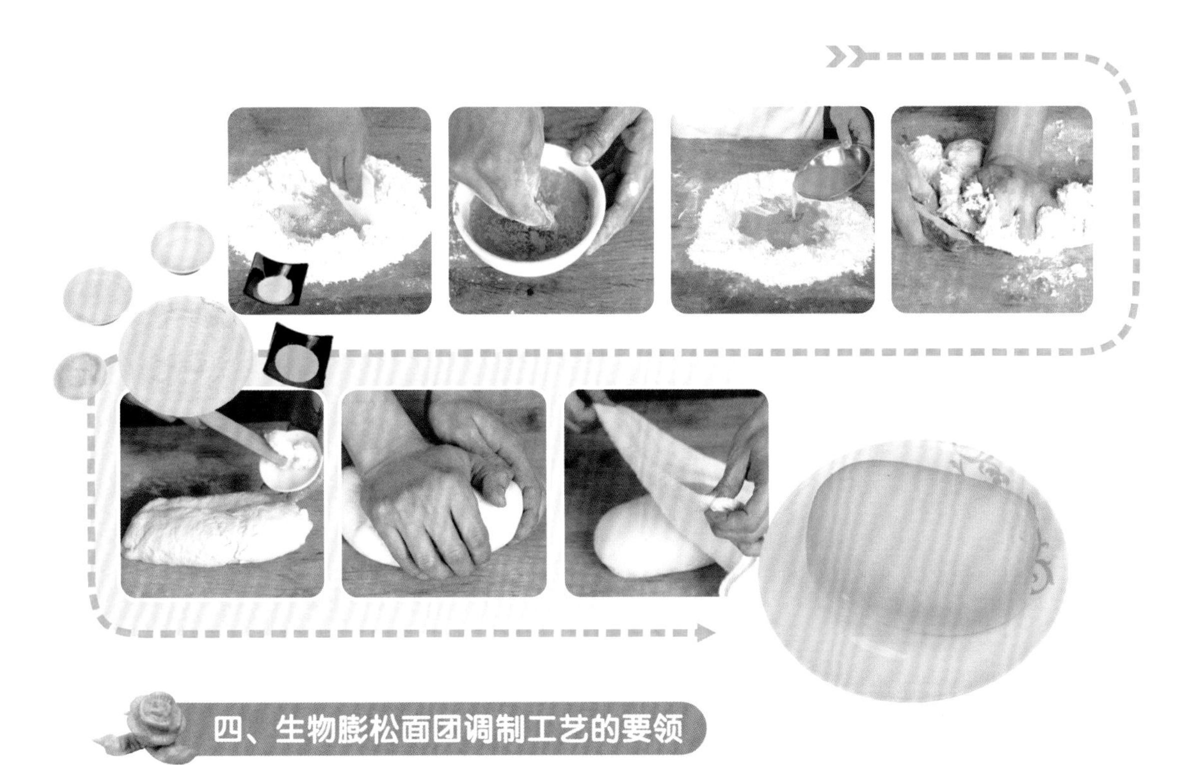

四、生物膨松面团调制工艺的要领

（一）发酵时间的控制

在面团发酵过程中，制作者要做的主要是控制时间，而影响发酵时间长短的因素有如下几种：

（1）温度：酵母生长的适宜温度在27℃～32℃，最适温度为27℃～28℃，因此，在实际生产过程中，生物膨松面团的温度最好控制在26℃～30℃。

生物膨松面团的温度一般由添加的水来控制，冬季一般用温水，夏季用凉水。

（2）酵母：酵母主要通过两个因素对面团发酵时间产生影响，一是酵母发酵力；二是酵母的用量。酵母越新鲜发酵力越强，发酵时间越短；酵母用量越多发酵时间就越短。

（3）面粉：面粉主要通过面筋对发酵时间产生影响。面筋筋力越强，面团越不易胀发，需要发酵的时间越长，但发好后不易塌陷。面筋筋力越弱，面团越易胀发，需要发酵的时间缩短，但发好后易塌陷。因此，制作一般的发酵制品，应选择面筋含量适中的面粉。

（4）渗透压：面团发酵过程中糖和盐的浓度可改变渗透压从而影响酵母活性，最终影响发酵时间，所以添加糖和盐不能过度。

（5）加水量：水量多少直接影响面筋筋力的强弱，从而进一步影响发酵时间。所以最适加水量是确保最佳持气能力的一个重要条件。调制面团时，应根据面团的用途具体掌握加水量，调节好软硬。

影响面团发酵时间的各个因素彼此相互影响，相互制约。总之，要判断出合适的发酵时间，需从多方面加以考虑。

（二）发酵程度的判断与控制

制作者要根据制品的要求判断与控制面团发酵的程度，要保证成形时面团的发酵程度符合制品要求（见表8.3）。

表8.3 发酵程度判断表

发酵程度	面团体积	面团表面	内部孔洞
发酵成熟	面团体积最大	弹韧性有所降低	均匀的蜂窝眼网状结构
发酵还未成熟	面团体积有所增加	弹韧性较好	孔洞细小，结构紧实
发酵过度	面团体积变大后又有缩小	弹韧性有明显降低	孔洞大小不均，有长椭圆形大空孔洞

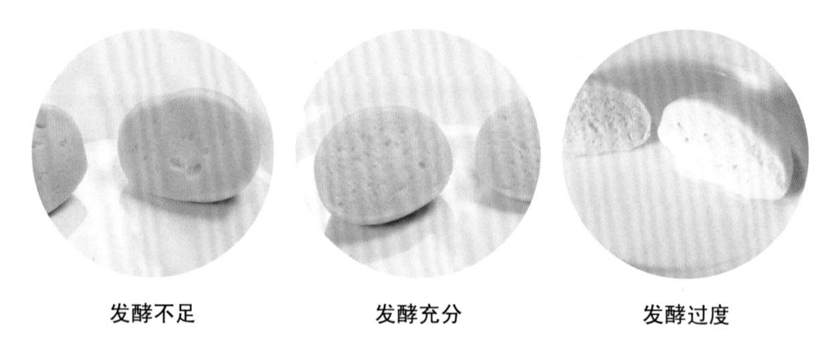

发酵不足　　发酵充分　　发酵过度

要根据制品要求判断面团的发酵程度，如果发过了应及时把面团重新揉紧实再加工；如还未发到要求，应根据上面讲到的控制发酵时间的办法提高发酵速度，使面团尽快达到要求。

（三）酵种发酵面团的使碱和验碱

（1）使碱。行业又称兑碱、扎碱。用酵种发酵，因含有产酸杂菌，使酵面偏酸性，因此发酵结束后，要进行使碱，即加碱中和去酸。使碱是酵种发酵面团调制的关键技术。

加碱多少要根据面团产酸量来控制。而加碱量的多少对成品口感与色泽有决定作用。碱量适中，制品色泽洁白、松泡；若碱量大，制品色黄、味苦涩；若碱量小，制品味酸、发硬不爽口。

面团加碱后要立即揉搓。通常用揣面的方法，让碱在面团中分布均匀。加碱不匀，易造成制品“花碱”，即制品表面呈现白一块、黄一块的花斑。

花碱（表面有黄点）

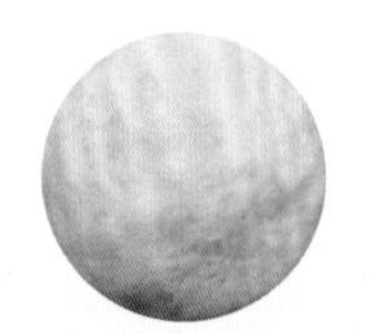

缺碱（表面有暗斑）

伤碱（表面发黄）

正碱（洁白松泡）

小贴士

酵母发酵面团不需要使碱

酵母发酵面团使用酵母菌作为蓬松剂，发酵过程中因没有产酸杂菌产酸，因此不需要加入碱性物质（如小苏打等）中和去酸，操作方法相对简单。

酵种发酵面团
验碱方法（蒸面丸）

（2）验碱。验碱是对加碱的面团碱量大小的检验。

最常用的验碱方法为蒸面丸：将加碱揉匀的面团用刀切一小块，搓挤成球形放入笼中，用旺火蒸熟后取出。小面丸色白、松软爽口为正碱；小面丸起皱、色暗、膨松度差、味酸为缺碱；小面丸色黄、味苦涩为碱重。这种方式最易判断，推荐初学者首选。除此之外，还可根据揉面的手感、鼻闻面团气味、拍打面团听声音、眼看面团内部蜂窝眼状况和烤面丸等方法来验碱。

（四）上笼蒸制前要准确判断生坯的膨松程度

由于发酵面团在成形过程中被反复揉搓，面团结构趋于紧密，面团中的部分CO_2被挤压排出，使生坯的膨松程度大大降低，如果成型后马上成熟，会使制品膨松度受到很大影响，而通过饧面可以提高制品膨松度。

五、代表性品种举例

1. 花卷（酵种发酵面团）

（1）品种特点：

造型美观，变化多样，白嫩松泡，清香可口。

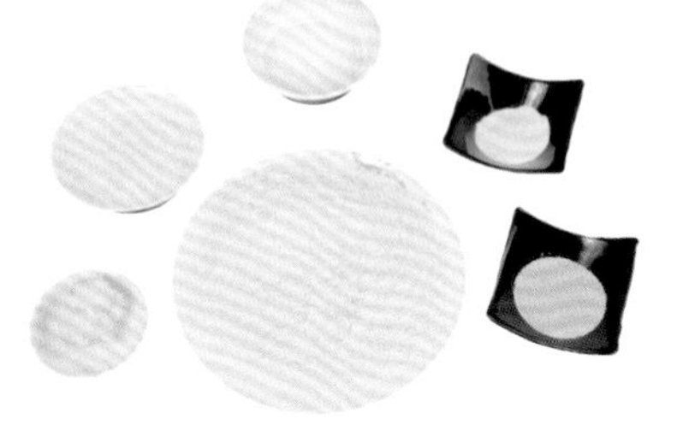

（2）产品配方：

面团：面粉500克、老面50克、白糖25克、水250克、小苏打5克、猪油20克。

馅心：植物油20克。

（3）工艺流程：

老面、白糖、水 ↓ 和面；小苏打、猪油、白糖 ↓ 扎碱

面粉 → 和面 → 饧面 → 扎碱 → 制皮 → 成形 → 蒸 → 装盘 → 成品

（4）制作方法：

①面团调制采用酵种发酵面团调制方法。②在案板上撒上少许干面粉，面团擀成厚约0.5厘米的长方形面皮，刷上一层植物油，然后单卷，切成剂子，刀口向两侧，用一根筷子压住面剂的1/3处，用左手将面剂略拉长，然后折叠成为“Z”字形，取出筷子在中间压一下即成核桃花卷生坯，制作完成后，将生坯放入刷油的蒸笼内饧制。③火旺水开，蒸约10分钟即熟。

（5）制作要领：

①选用登发面，将面团兑为正碱。②掌握好造型方法。③蒸制时一气呵成。

2. 鲜肉小包（酵母发酵面团）

（1）品种特点：

表皮白嫩松泡，馅心咸鲜多汁。

（2）产品配方：

面团：面粉500克、清水250克、干酵母5克、白糖50克、猪油20克。

馅心：猪绞肉250克、食盐4克、味精2克、胡椒粉1克、料酒5克、香油5克、葱花5克、姜葱水80克。

（3）工艺流程：

干酵母、白糖、清水、猪油 → 和面

制馅 → 成形

面粉 → 和面 → 饧面 → 制皮 → 成形 → 饧制 → 蒸 → 装盘 → 成品

（4）制作方法：

① 调团：面团调制采用酵母发酵面团调制方法。② 制馅：将猪肉末放入盆中，加食盐、味精、胡椒粉、料酒，用手搅拌均匀后，分次加入少许姜葱水，搅至肉蓉黏稠加入香油、葱花，即成馅心。③ 案板上撒少许干面粉，将饧好的面团轻轻搓条下剂，整齐地放在案板上。取一面剂，用手按成圆饼，再擀成圆皮，放入馅心，用手提捏成收口的细褶纹包子，放入刷油的蒸笼内二次饧制。④ 火旺水开，蒸约10分钟即熟。

（5）制作要领：

① 面团以小酵面为宜，不要发过。② 姜葱水不宜过多，每加一次均需用力搅打。③ 掌握好成型方法。④ 蒸制时一气呵成。

第三节 学会调制化学膨松面团

化学膨松面团是把化学蓬松剂掺入面团内，利用化学蓬松剂的化学特性，使熟制的成品具有膨松、酥脆的特点。

化学膨松面团中添加的化学蓬松剂比例极少，在调制面团时对面团的性质几乎没有影响，所以在调制化学膨松面团时，一是要了解该坯团在不加化学蓬松剂时是什么性质的面团，二是了解所加化学蓬松剂的特性及添加要求，这样才能保证成品达到要求。

在实际工作中常见的可以添加化学蓬松剂的面团有：水调冷水稀面团、发酵面团、混酥面团、物理膨松面团等。

常用的化学蓬松剂主要有两大类：一类是单质蓬松剂，如小苏打、臭粉等；一类是复合蓬松剂，由小苏打、酸性物质和填充剂构成，常用的泡打粉属于复合蓬松剂。需注意现在市面上所销售的泡打粉有无矾泡打粉和有矾泡打粉之分。

而化学蓬松剂的用量一是根据具体品种膨松的要求，二是要严格按照食品卫生法对食品添加剂用量比例的上限要求执行。不要以达到制品口感、膨松度为借口，擅自超量或超出食品添加剂范畴添加，这是目前整个食品行业需要重视的问题，在此特别提一下传统有矾油条的问题，此品种就添加了明矾，而《食品添加剂使用标准（GB2760—2011）》中，已把油炸食品从其可使用名单中删除，所以从法律的角度来讲油条就不能再使用明矾了。

所以，制作者在制作化学膨松面团制品时一定要不断调整传统中不符合法律法规的技术，这样既能保证成品品质效果，又能符合营养卫生要求。

下面我们就以通过改良的无矾油条为例来了解化学膨松面团的调制工艺。

无矾油条

（1）品种特点：

色泽金黄，酥脆松泡。

（2）产品配方：

面粉500克、无矾泡打粉4克、小苏打4克、食盐8克、鸡蛋50克、植物油50克、水280克。

（3）工艺流程：

调团 → 饧制 → 成形 → 炸制 → 成品

（4）制作方法：

①调团：面粉过筛后加入无矾泡打粉、食盐、小苏打拌匀，加鸡蛋、水调制成团，再分次加入植物油，揉至面团光滑柔软。将揉好的面团盖上湿毛巾静置约半小时待用。②成形：双手配合将面团牵拉成8厘米宽、1厘米厚的长条，再用刀切成2.5厘米宽的坯条。③油炸：锅中注入植物油烧至六七成热，将两个条坯叠在一起，再用竹筷顺条压一下，用双手拉长约27厘米放入油锅，用筷子不断翻炸，炸至油条膨胀，色泽金黄起锅。

（5）制作要领：

①和面时反复揉搓，以促进面筋的形成。②制作好的面团需静置半小时后再进行出条，否则炸出的油条死板、不够酥软。

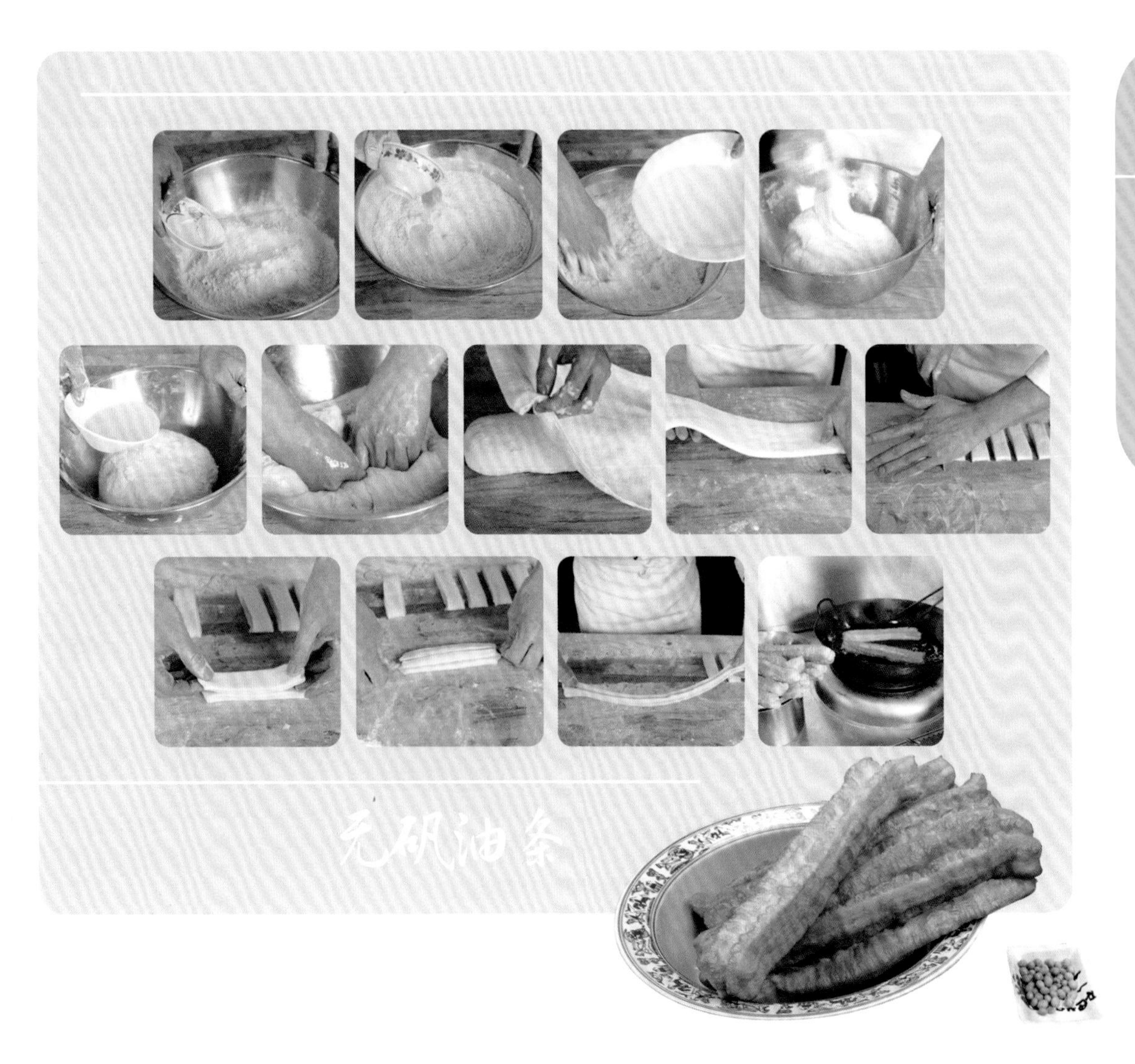

第四节 学会调制物理膨松面团

以物理作用如机械力涨发、水蒸气膨胀，使面团及制品膨胀的方法称为物理膨胀法，其面团称为物理膨松面团。

一、物理膨松面团的种类

物理膨松面团包括以机械力作用涨发的蛋泡膨松面团、油蛋膨松面团及以水蒸气膨胀作用涨发的泡芙面团。

蛋泡膨松面团、油蛋膨松面团是利用鲜蛋或油脂经高速搅打，打进气体并保持气体，然后与面粉等原料混合调制成的。泡芙面团是经加热熟制，面团内所含气体受热膨胀，使制品膨大松软。

在中式面点中蛋泡膨松面团还常使用，而其他两种面团主要在西点中使用，有兴趣的读者可查阅相关西点制作的书籍，本节就不重点说明。

二、物理膨松面团的配方及调制方法

我们以凉蛋糕为例来了解蛋泡膨松面团的配方及调制方法。

凉蛋糕

（1）品种特点：

滋润柔软，松软香甜。

（2）产品配方：

鸡蛋500克、低筋面粉300克、白糖250克、香兰素1克、植物油50克、蛋糕乳化油10克。

（3）工艺流程：

调团 ➡ 膏体成形 ➡ 成熟 ➡ 装盘

（4）制作方法：

①调团：鸡蛋磕开置于打蛋桶内，加白糖、香兰素、蛋糕乳化油，用打蛋器混匀，然后高速打发至蛋液体积膨胀2～3倍、颜色成乳白色时将面粉过筛加入，缓慢拌

匀，再分次加入植物油拌匀。②成形：将调制好的膏体装入裱面袋，挤入蛋糕纸杯内，放入笼中。③成熟：蒸笼上火，旺火蒸制25分钟即熟，取出晾凉，装盘。

（5）制作要领：

①打蛋要顺一个方向搅拌。无论是人工还是打蛋机搅打蛋液，都要自始至终顺着一个方向搅拌。这样可以使空气连续而均匀地吸入蛋液中，蛋白迅速起泡。如果一会儿顺时针搅打，一会儿逆时针搅打，就会破坏已形成的蛋白气泡，使空气逸出，气泡消失。②面粉需过筛，拌粉要轻。面粉过筛，可使面粉松散，使结块的粉粒松散，便于面粉与蛋泡混合均匀，避免蛋泡膨松面团中夹杂粉粒，使成熟后的蛋糕内存有生粉。拌粉动作要轻，不能用力搅拌，避免面粉生筋，使蛋糕僵死不松软。③原料配比要适当。配方中如果要减少蛋量，则应增添泡打粉．以补充蛋泡膨松面团的膨胀性。泡打粉应与面粉一起拌入。当配方中蛋量减少时，水分含量随之减少，蛋泡膨松面团会过于浓稠，可适当添加奶水或清水调节蛋泡膨松面团稠度。④控制好蛋泡的黏度。黏度对蛋泡的稳定性影响很大。由于糖本身具有很高的黏度，因此在打蛋过程中加入大量蔗糖，目的是为了提高蛋液的黏稠度，增强蛋白气泡的稳定性，但在配方中加入不同量的糖，其作用也不同。蛋和糖之间的比例是否恰当，对打蛋效果及最终产品质量有着直接影响。⑤尽量选择新鲜蛋，因为新鲜蛋白具有良好的起泡性，而陈旧蛋的蛋白起泡性差，气泡不稳定。⑥油脂的合理使用。油脂是一种消泡剂，会影响蛋液的气泡，但油脂又是最具柔性的材料，加在蛋糕中可以增加蛋糕的柔软度，提高蛋糕的品质，使其更加柔软适口。因此，为了解决这种矛盾，通常在拌粉后或面糊打发后加入油脂，尽量降低油脂对蛋泡的消泡性，又可起到降低蛋糕韧性的目的。油脂的添加量不宜超过20%，以流质油为好，若是固体奶油，则应在熔化后加入。⑦蛋糕乳化剂——蛋糕油的合理使用。为了使蛋液更易起泡，蛋泡更加稳定，可使用蛋糕油，它的使用可使蛋泡膨松面团的制作时间大大缩短，从而简化了生产工艺。⑧控制好面粉的质量。制作蛋糕的面粉应选用以筋力弱的软麦制成的蛋糕专用粉或低筋面粉。如面粉筋力过高，易造成面团生筋，影响蛋糕膨松度，使蛋糕变得僵硬，粗糙，体积小。

思考题

1. 名词解释

（1）花碱。

（2）登发面。

（3）单质蓬松剂。

2. 填空题

（1）发酵面团根据发酵程度可分为__________、__________和__________。

（2）常用的复合蓬松剂有__________等。

（3）物理膨松面团分为__________、__________和__________三种面团。

3. 简答题

（1）如何判断和控制发酵面团的发酵程度？

（2）制作无矾油条时，添加剂应如何加入？

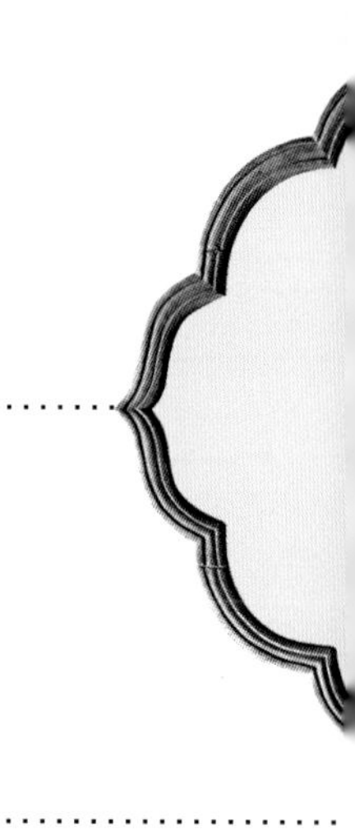

第九章

学会调制油酥面团

MIANDIAN

教学目的

通过本章的学习，让学生了解油酥面团的定义、成团原理、分类及其特点，理解油酥面团成团的影响因素，掌握相关的理论知识和调制方法，并能在实际操作中加以运用。

教学安排

8课时，其中课堂讲授4课时，实验实训4课时。

第一节 什么是油酥面团

油酥性面团是指用粮食粉料与较多的油脂调制而成的面团。在面团调制过程中加入适当的油脂、采用适当的调制方法，可使面团内部结构由紧实变为松散，再使用适当的加热成熟方法使制品酥脆、松散，从而可收到明显改变制品形态、口感的效果。

根据调制方法的不同我们把油酥面团分为层酥面团、混酥面团、浆皮面团（见表9.1）。

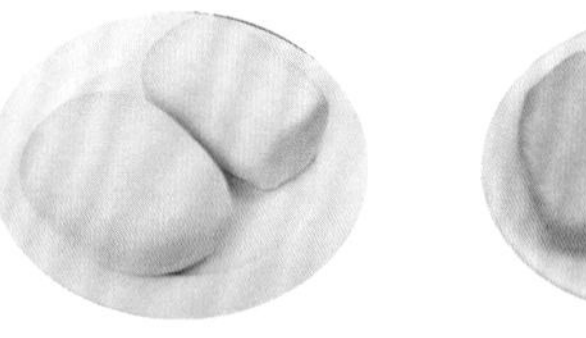

层酥

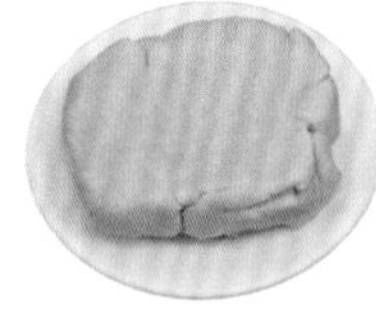

混酥

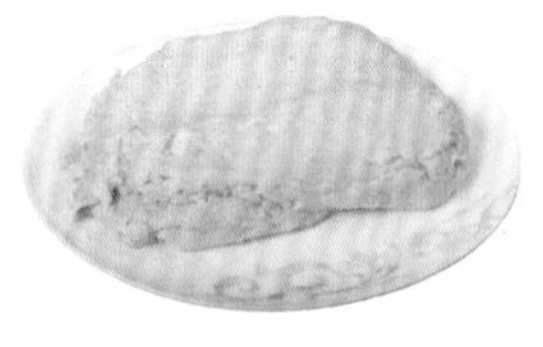

浆皮面团

表9.1 膨松面团的分类

	主要配料	成团原理	面团特点	品种举例
层酥面团	油脂、水	蛋白质溶胀作用、黏结作用	水面：细腻、光滑、柔韧 油面：可塑性很好、几乎没有弹韧性	龙眼酥
混酥面团	糖、蛋液、油脂、化学蓬松剂	黏结作用	可塑性很好、几乎没有弹韧性	桃酥
浆皮面团	糖浆、油脂、化学蓬松剂	黏结作用	可塑性很好、几乎没有弹韧性	广式月饼

第二节 学会调制层酥面团

层酥面团以面粉和油脂作为主要原料，先调制酥皮、酥心两块不同质感的面团，再将它们复合，经多次擀、叠、卷后，形成有层次的酥性面团，是调制工艺比较复杂的一类面团。利用层酥面团作为坯皮制作的制品其表面或内部具有明显的酥层。

一、层酥面团的种类

层酥面团是由两块不同特点的面团组合而成的，一块称“酥皮”，又叫水油面，一般是由面粉、水、油等原料调制而成，大都具有一定的筋性和延伸性；另一块称“酥心”，俗称干油酥，大都是由油脂和面粉构成，面团没有筋性，但可塑性好。

制品之所以能起层，关键是酥皮和酥心的性质完全不同。当酥皮包住酥心经过擀、叠、卷后，使两块面团均匀地互相间隔叠排在一起，形成了有一定间隔层次的坯料。当坯料在加热时（特别是油炸），由于油脂的隔离作用，皮坯出现层次，同时也形成了酥松、香脆的口感。

按用料及调制方法的不同，层酥面团可分为表9.2中的三类：

表9.2 层酥面团的种类

	酥皮面团	酥皮面团特点	成品特点	品种举例
水油酥层酥面团	水油面团	细腻、光滑、柔韧	松酥、香脆，层次分明	龙眼酥
水面层酥面团	干油酥	可塑性很好、几乎没有弹韧性	体积膨胀大，层次丰富，口感松香酥化	蝴蝶酥
	水调面团	光滑、弹韧性好		
酵面层酥面团	发酵面团	松软、较柔韧	既有油酥面的酥香松化特点，又有酵面的松软柔嫩特点	黄桥烧饼

水面层酥面团的酥皮、酥心可以互换。

龙眼酥

蝴蝶酥

黄桥烧饼

二、层酥面团的配方

层酥面团的配方见表9.3所列：

表9.3 层酥面团的配方表（单位：克）

	面团	面粉	水	猪油	奶油	酵种	小苏打
水油酥层酥面团	水油面团	500	225～275	50～100			
	干油酥	500		250～280			
水面层酥面团	水调面团	500	250				
	干油酥	500			700		
酵面层酥面团	发酵面团	500	250～280			50	5
	干油酥	500		250～280			

此配方表只是把各种面团的基础原料比例划了一个范围，需注意的是：第一，根据季节的不同，由于猪油凝固度有变化，需调整用油量；第二，需根据具体品种效果的要求增减其他辅料。

三、层酥面团的调制方法

（一）各种酥皮酥心面团的调制

（1）干油酥面团的调制：先将面粉置于案板上，加入油脂，采用调和法和面，不需饧面，再采用擦的调团方法将面团反复调匀。

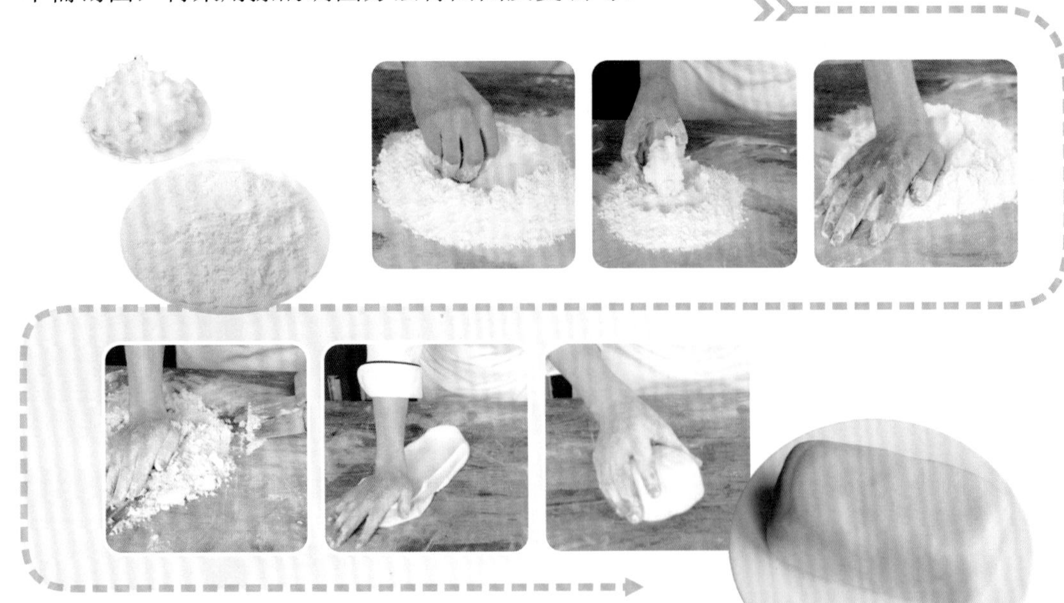

（2）水油面团的调制：先将面粉置于案板上，刨出凹坑，加入猪油和水，适当地搅拌，使其产生乳化现象后再掺入粉中，采用调和法和面，用揉、摔等调面方法将面团调至光滑、细腻、均匀，最后盖上湿布静置。

（3）水调面团的调制：见第七章水调面团的调制。

（4）发酵面团的调制：见第八章发酵面团的调制。

（二）包酥、开酥及其酥纹效果

为了使层酥制品达到不同的酥纹效果，我们使用了各种不同的包酥、开酥方法：

1. 包 酥

即用酥皮包住酥心的过程，其比例一般是6:4或5:5。根据制品的不同要求有两大类方法。

（1）大包酥：先将酥皮面团擀压成长方形或圆形的薄坯，然后将酥心面团放在薄坯中间，并将薄坯两边折向中间包住酥心面团或将薄坯四周收口包住酥心面团即可。大包酥用的面团较大，一次可做几十个坯剂，具有生产量大，速度快、效率高的特点。

（2）小包酥：先将酥皮面团、酥心面团下剂，酥皮面剂按压成圆形的薄坯，然后将酥心面剂放在薄坯的正中间，再将薄坯四周收口包住酥心面剂。小包酥的酥层清晰均匀，但制作速度慢，效率低，适宜制作各种花色酥点。

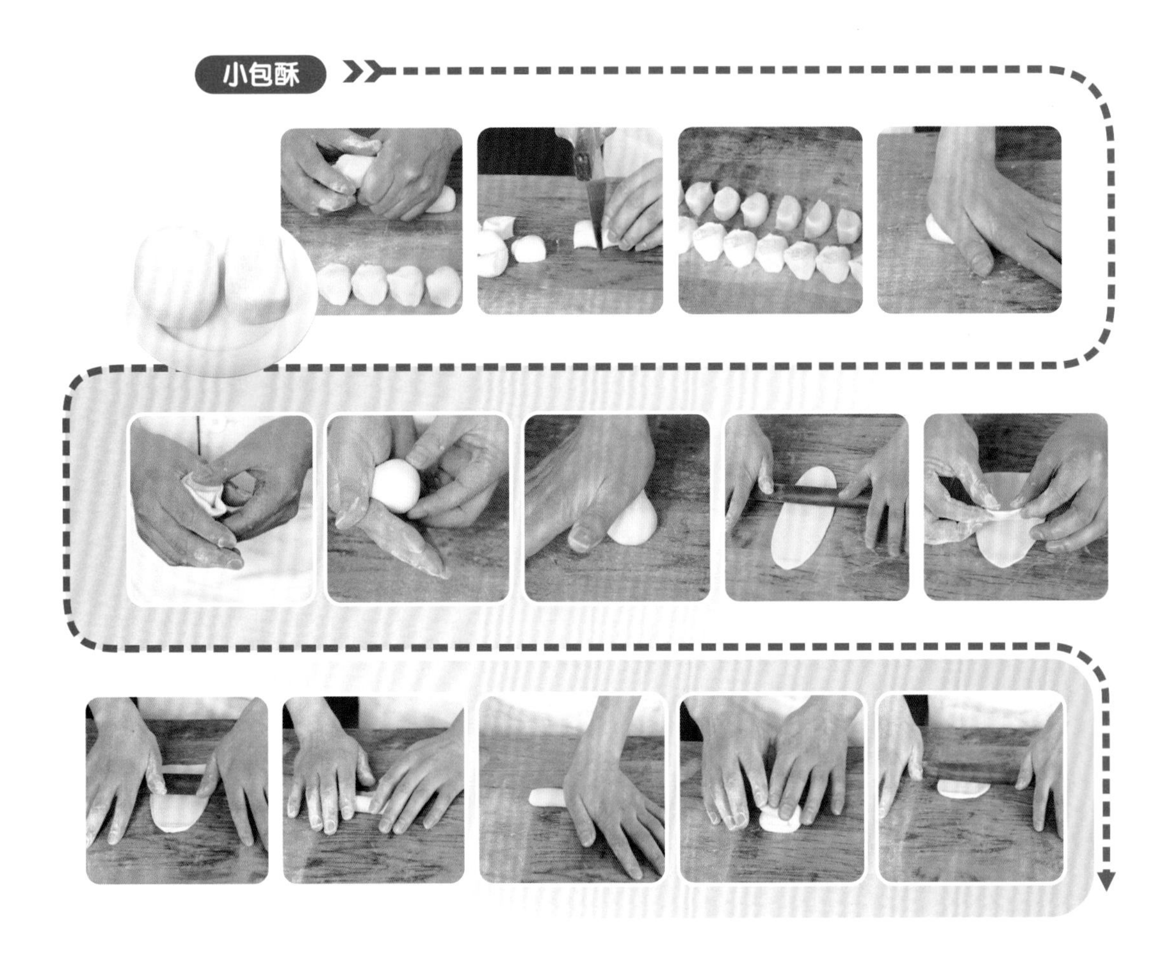

2. 开　酥

开酥也叫“起酥”。是将包酥后的面团折叠或卷筒形成层次的过程。根据成品的要求不同，一般有擀叠起层和擀卷起层两种方法。

（1）擀叠起层：将包酥后的长方形面团擀压成长方形的薄片，然后将两边1／4处叠向中间，再折成四层，继续擀成长方形薄片，用前述相同方式再折叠擀制，修去面皮边沿，再卷成圆筒，即成为圆柱形的层酥面团。

（2）擀卷起层：将包酥后的面团按扁后，将其擀压成长方形的薄片，然后将面片对叠再擀开，最后从一边（用刀切平）卷拢，成为圆柱形的层酥面团。

大包酥擀叠起层

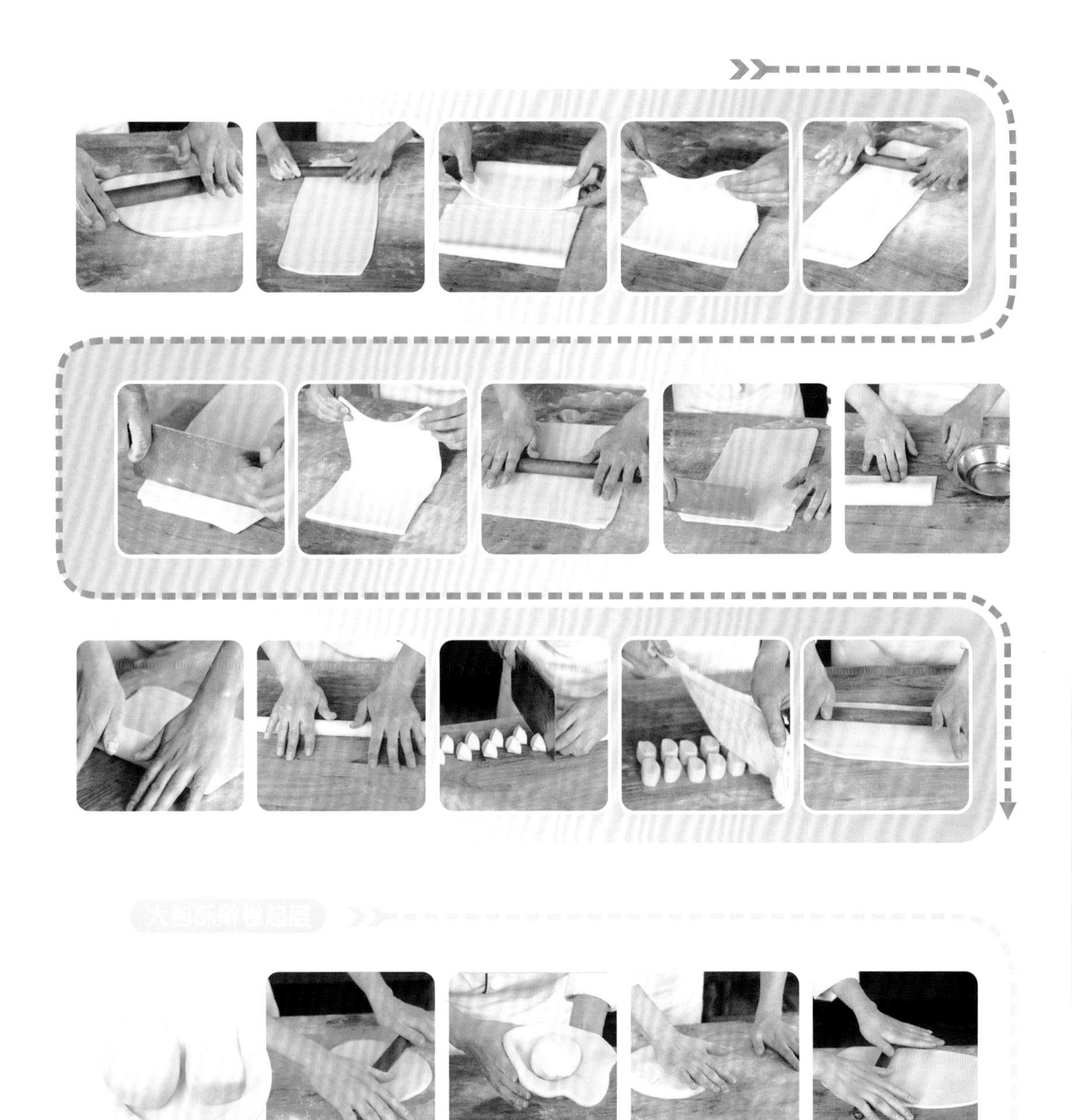

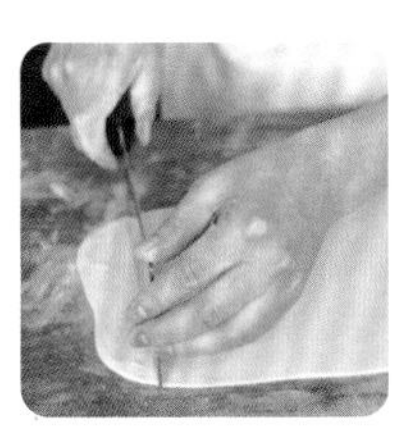

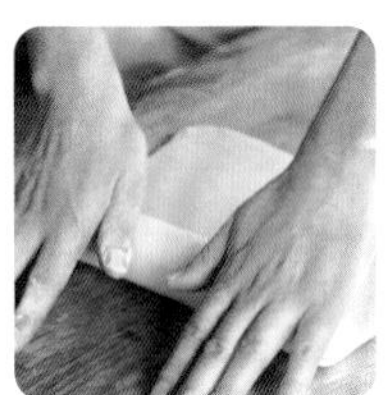

第九章 学会调制油酥面团

3. 酥纹效果

根据制品的酥层表现形式，一般将层酥制品分为暗酥、明酥和半暗酥三种类型。

（1）暗酥。凡制作的成品酥层在坯料的里面，表面看不到层次的统称为暗酥制品。其坯料在擀叠或擀卷起层后，经直切或手揪、平放、按剂、包馅而成。适用于大众品种。

（2）明酥。凡用刀切成坯剂，刀口处呈现酥纹，制作的成品表面有明显酥纹的统称为明酥制品。明酥可分为圆酥、直酥、叠酥、排丝酥、剖酥等。

圆酥：水油酥皮卷成圆筒后用刀横切成面剂，面剂刀口呈螺旋形酥纹，以刀口面向案板直按成圆皮进行包捏成形，使圆形酥纹露在外面，如龙眼酥、酥盒等。

直酥：水油酥皮卷成圆筒后用刀横切成段，再顺着圆筒剖开成两个皮坯，以刀口面有直线酥纹的为面子，无酥纹的作里子进行包捏成形，如玉带酥、燕窝酥等。

圆酥和直酥在制作中需注意以下几个问题：一是切坯时，刀要锋利，避免刀口粘连混酥。二是坯剂擀制时，动作要轻，应对准酥层，使酥纹在中心，且厚薄要适宜。三是应以酥纹清晰的一面作面子，另一面作里子。

叠酥：水油酥皮擀叠后直接切成一定形状的皮坯，再夹馅、成形或直接成熟。如兰花酥、千层酥、鸭粒酥角等。叠酥在制作中需注意以下几个问题：一是擀制酥皮时厚薄要均匀一致，不能破酥。二是切坯时刀要锋利，避免刀口粘连。

排丝酥：将擀叠起酥后形成的长方形酥皮切成长条，抹上蛋清，然后将切口朝上，互相粘连，以此面皮包馅，有层次的一面在外，经过成形，使制品表面形成直线形层次。

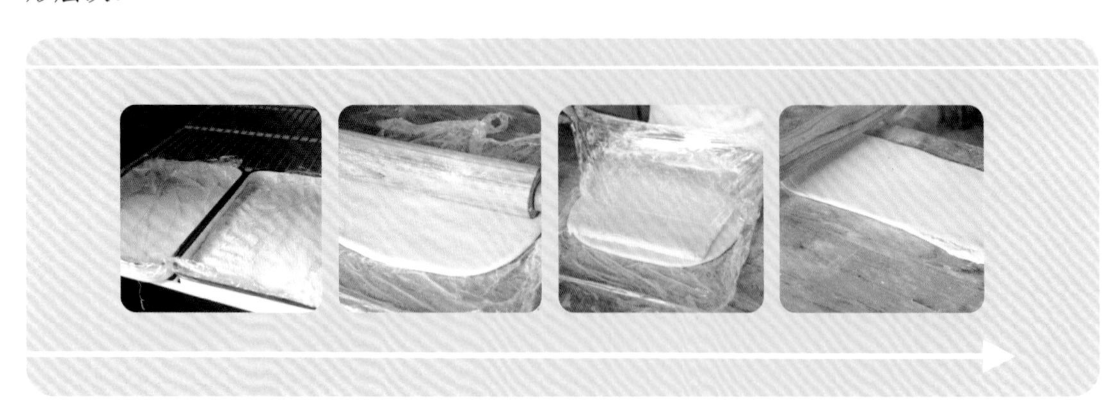

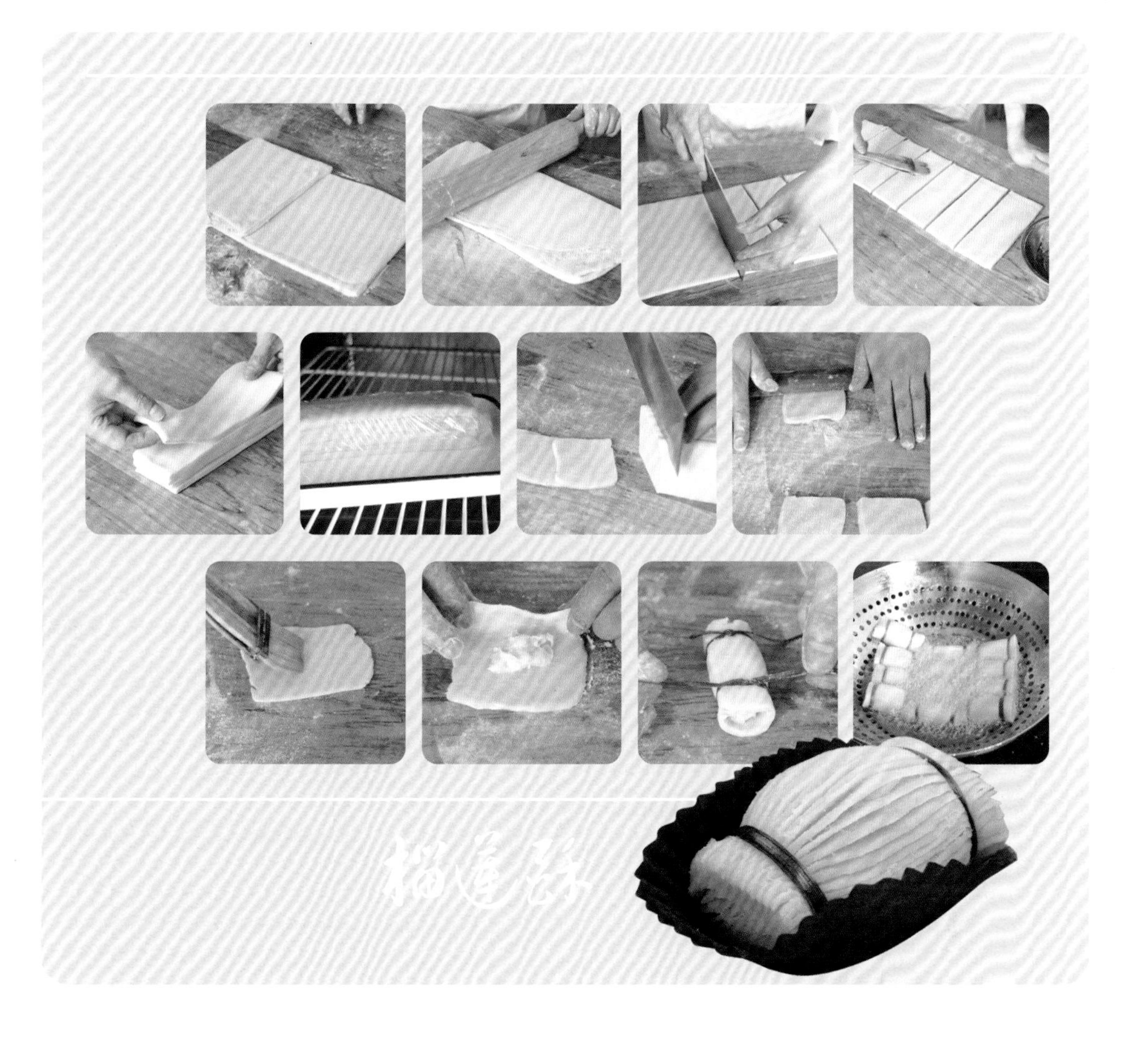

剖酥：在暗酥的基础上划刀，经成熟使制品酥层外翻。

（3）半暗酥。即制作的成品酥层一部分露在外面，一部分藏在里面。其坯料为“擀卷起层”的面团，横切后，酥层向上呈45°角斜放，平按包馅而成。适宜制作果类的花色酥点。

四、层酥面团调制工艺的要点

水调面团和发酵面团的调制工艺要点前面章节中已经有所介绍，这里着重介绍干油酥、水油面以及包酥、开酥的调制工艺要点。

（一）干油酥面团调制工艺的要点

（1）要选用合适的油脂。不同的油脂调制成的油酥面团性质不同。一般以动物油脂为好。因动物油脂的熔点高，常温下为固态，凝结性好，润滑面积较大，结合空气量较多，起酥性好。植物油脂在面团中多呈球状，润滑面积较小，结合空气量较少，故起酥性稍差。

（2）控制粉、油的比例。干油酥面团的用油量较高，一般占面粉的50%左右。而且干油酥用量的多少直接影响制品的质量：用量过多，成品酥层易碎；用量过少，成品不酥松。

（3）面团要擦匀。因干油酥面团没有筋性，加之油脂的黏性较差，故为增加面团的润滑性和黏结性，使其能充分成团，只能采用“擦”的调面方法。

（4）干油酥面团的软硬度应与水油酥面团一致。面团一硬一软，会使面团层次厚薄不匀，甚至破酥。

（二）水油面团调制工艺的要点

（1）水、油充分搅匀。水、油混合越充分乳化效果越好，油脂在面团中分布越均匀，这样的面团才细腻、光滑、柔韧，具有较好的筋性和良好的延伸性、可塑性。若水、油分别加入面粉中和面，会影响面粉与水和油的结合，造成面团筋性不一，酥性不匀。

（2）掌握粉、水、油三者的比例。粉、水、油三者的比例合适，可使面团既有较好的延伸性，又有一定的酥性。如果水量多油量少，成品就太硬实，“酥”性不够；相反，如果油量多水量少，则面团因“酥”性太大而操作困难。

（3）水温、油温要适当。水、油温度的控制应根据成品要求而定，一般来说，成品要求 “酥”性大的面团则水温可高些，如苏式月饼的水油酥面团可用沸水调制，而要求成品起层效果好的则面团的水温可低些，可控制在30℃～40℃。水温过高时由于淀粉的糊化，面筋力降低，使面团黏性增加，操作就困难；相反，水温过低会影响面筋的胀润度，使面团筋性过强，延伸性降低，造成起层困难。

（4）面团要调匀，并盖上湿布。水油酥面团成团时要调匀、调透，并要饧面，保证面团有较好的延伸性，便于包酥、起层。

（三）包酥工艺要点

（1）水油酥面团和干油酥面团的比例要适当。酥皮和酥心的比例是否适当，直接影响成品的外形和口感。若干油酥面团过多，擀制就困难，而且易破酥、漏馅，成熟时易碎；水油酥面团过多，易造成酥层不清，成品不酥松，达不到成品的质量要求。

（2）水油酥面团和干油酥面团要软硬一致。若干油酥面团过硬，起层时易破酥；若干油酥面团过软，则擀制时干油酥面团会向面团边缘堆积，造成酥层不匀，影响制品起层效果。

（3）包酥位置。经包酥后，酥心面团应居中，酥皮面团的四周应厚薄一致。

（四）开酥工艺要点

（1）擀制时用力要均匀，使酥皮厚薄一致。擀面时用力要轻而稳，不可用力太重，擀制不宜太薄，避免产生破酥、乱酥、并酥的现象。

（2）擀制时要尽量少用干粉。干粉用得过多，一方面会加速面团变硬，另一方面由于其粘在面团表面，会影响成品层次的清晰度，使酥层变得粗糙，还会造成制品在熟制（油炸）过程中出现散架、破碎的现象。

（3）所擀制的薄坯厚薄要适当、均匀，卷、叠要紧。否则酥层之间黏结不牢，易造成酥皮分离，脱壳。

五、代表性品种举例

1. 水油酥层酥面团：龙眼酥

（1）品种特点：

层次分明、色泽洁白、形如龙眼，香甜可口。

（2）产品配方：

面团：水油酥面团500克、干油酥面团330克。

馅心：樱桃馅心400克、蜜樱桃数颗。

（3）工艺流程：

起酥 → 包馅成形 → 油炸 → 成品

（4）制作方法：

①制皮：用开酥工艺中的擀卷起层法将两个面团开酥后卷成圆筒状，用刀切成圆酥剂子，将剂子竖立按成圆饼，再擀成圆皮。②包馅成形：取面皮一个包入馅心，收口处向下，捏成半圆球形，顶部用食指轻轻按一个凹形即成生坯。③成熟：将锅置于小火上，放入植物油烧至三成热，放入饼坯炸制，炸时不断拨动饼坯并且用油勺舀油淋在浮面的饼坯表面上，待饼坯炸至不浸油、色白、起层、不软塌时起锅，在饼坯凹处嵌一颗蜜樱桃即成。

（5）制作要领：

①水油面团和油酥面团软硬应一致，否则影响制品成形和成熟。②水油酥面团和油酥面团比例要适当，油炸型制品水油酥面团和油酥面团比例为6∶4。③开酥时用力要均匀，使酥皮厚薄一致。

2. 水面层酥面团：蝴蝶酥

（1）品种特点：

色泽鲜艳，形态逼真，酥松香甜。

（2）产品配方：

皮坯：面粉500克、黄油350克、鸡蛋50克、白糖25克、水90克。

装饰料：黑芝麻少许、红色素水少许。

（3）工艺流程：

调团 ➡ 开酥 ➡ 成形 ➡ 成熟 ➡ 成品

（4）制作方法：

①调团：用250克面粉加入黄油擦成酥心。再用250克面粉加入鸡蛋、白糖、水和成团，反复搓揉至面团光滑有筋韧性成水面皮。将调制好的酥皮和酥心面团分别放入大小一致的两方盒中按实按平，放入冰箱内冷藏（4℃左右），使面团变硬。②开酥：将水面皮擀成长方形，把冻硬的干油酥压扁包入，收口捏紧，擀成厚薄均匀的长方形薄片。然后，从两边向中间横向折叠成3层，再擀成长方形薄片，用快刀将薄片四周

切齐，在表面刷上红色素水，再顺长由外向里卷起卷紧，卷成长圆筒状(直径约3厘米)。取快刀将圆筒切成厚约0.5厘米的面片。③成形：将面片的切面朝上，平放在案板上，每两片靠在一起，中间用蛋糊粘连，在圆片的2／3处，用尖头筷把两只面片向中间夹牢，使之成为两大两小的蝶翼。在触须处滴2滴蛋糊，用面挑各粘一颗黑芝麻作为眼睛。将做好的生坯排放在烤盘内。④成熟：上火180℃，下火180℃，烘烤15分钟，表面呈金黄色出炉。

（5）制作要领：

①水面皮和干油酥应及时冷藏，否则影响制品成形。②开酥时用力要均匀，使酥皮厚薄一致。

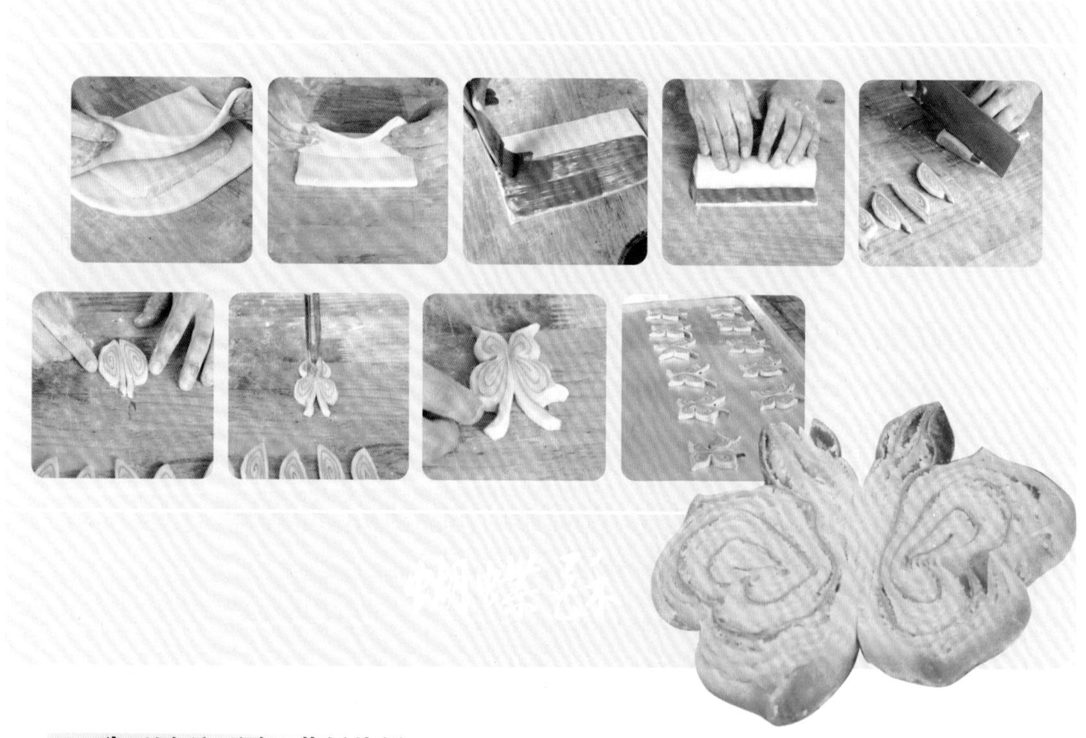

3. 酵面层酥面团：黄桥烧饼

（1）品种特点：

饼色嫩黄，饼酥层层，一触即落，入口酥松不腻。

（2）产品配方：

皮坯：面粉600克、猪油300克、酵面400克、水300克、小苏打少许。

馅心：生猪板油250克、葱65克、食盐10克。

装饰料：白芝麻仁70克、饴糖30克。

（3）工艺流程：

制馅 → 调团 → 开酥 → 包馅成形 → 成熟 → 成品

（4）制作方法：

①制馅：葱去根，洗净切成葱末，放盘中备用。生猪板油撕去皮膜，去筋，切成0.6厘米见方的小丁，放入钵内加入食盐、葱末，拌和成生板油馅心。取少许面粉倒在工作台板上加入猪油擦成油酥面，加入食盐、葱花拌成干油酥馅心，备用。②调团：取面粉倒在工作台板上加入猪油擦成油酥面。将1/3份面粉烫熟，和2/3份酵面拌和擦透，直至面团光滑不粘手时将面团放在工作台板上，加入适量小苏打，揉匀揉透后再饧发10分钟。③制皮：将饧发好的面团搓成粗条，摘成每只重约50克的坯子，用手揿扁，包入油酥面，捏拢收口，用手揿扁，用擀面棍擀成椭圆形，再自左向右卷拢揿扁后，擀成长条，再自上向下卷拢，揿扁。④包馅、成形：将饴糖放入碗内，加入热水，调和成饴糖水备用。白芝麻仁拣去杂质，放在盘中备用。将揿扁的皮坯包入生板油馅心、干油酥馅心，捏拢收口后再擀成椭圆形，随后用软刷在饼面上刷上一层饴糖水，将饼覆于白芝麻仁盘中，沾满芝麻仁便成酥饼生坯，放入烤盘中。⑤成熟：上火200℃，下火200℃，烘烤20分钟，表面呈金黄色出炉。

（5）制作要领：

面皮的比例要注意，由于是发面，在开酥时注意酥层厚度。

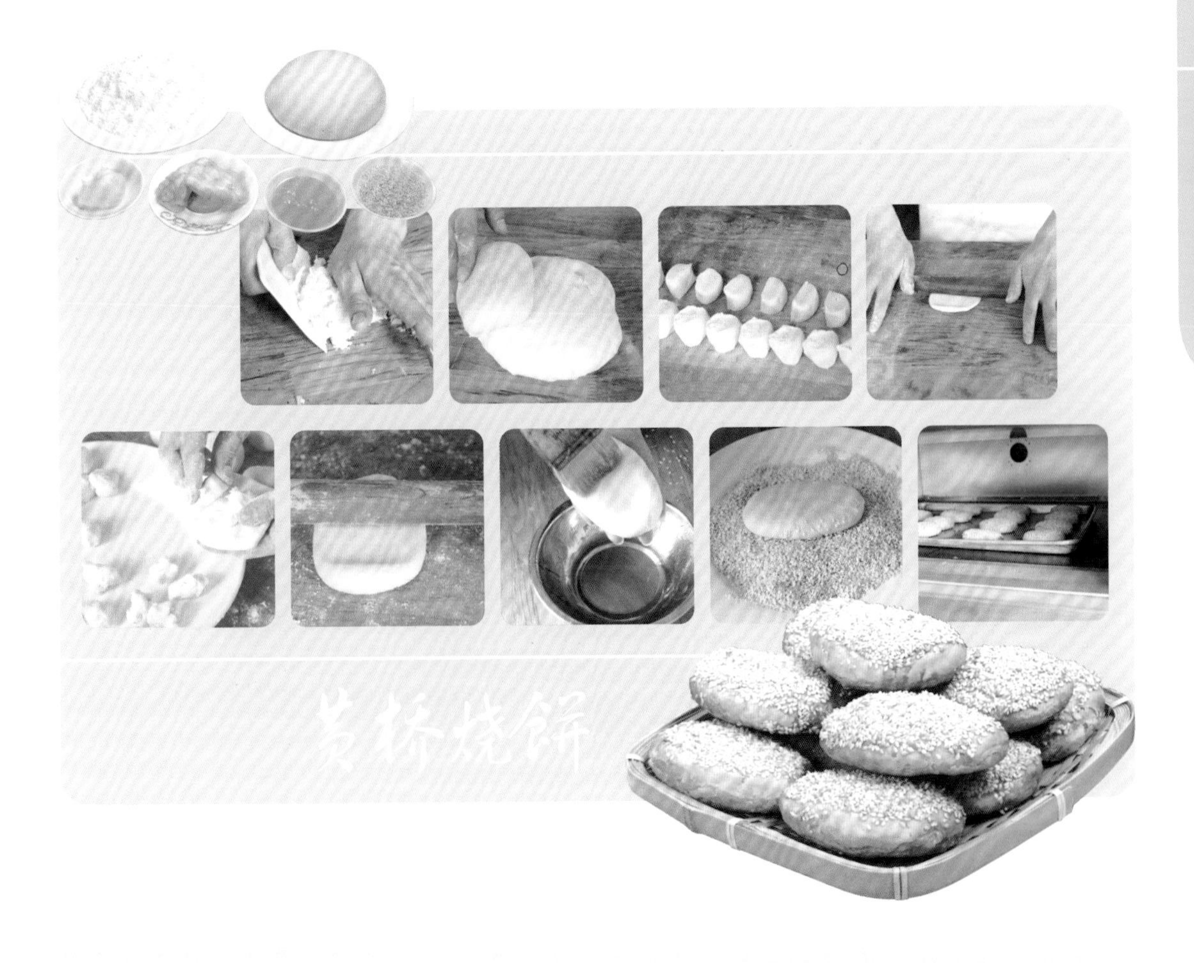

第三节 学会调制混酥面团

混酥面团是在面粉中加入适量的油、糖、蛋、乳、化学蓬松剂、水等调制而成的面团。因面团中添加的油脂和糖相对较多，且同时添加了一定量的化学蓬松剂，故面团相对较松散，具有良好的可塑性，缺乏弹性和韧性，制品经熟制后口感酥松，但不分层。

一、混酥面团的形成及起酥原理

在面粉中加入大量油脂、糖后，会限制面筋蛋白吸水和面筋的形成，从而形成细腻柔软的面团，具有良好的可塑性，缺乏弹性和韧性。

混酥面团中的油、糖含量较高，而含饱和脂肪酸越高的油脂，结合空气的能力越强，起酥性越好。当成形的生坯被烘烤、油炸时，油脂遇热流散，气体膨胀，就会使制品内部结构碎裂形成多孔结构，使制品体积膨大，食用时口感酥松。混酥面团中常常要添加一定量的化学膨松剂，如小苏打或泡打粉等，补充面团中气体含量的不足，增强制品的酥松性。

二、混酥面团调制工艺

混酥面团的调制方法通常为叠（又称堆叠法），我们以传统中点核桃酥为例来了解混酥面团的调制工艺要点：

核桃酥

（1）品种特点：

色泽金黄，口感酥松化渣。

（2）产品配方：

面粉500克、核桃仁50克、猪油225克、小苏打7.5克、白糖225克、臭粉7.5克、鸡蛋200克。

（3）工艺流程：

调团 → 成形 → 成熟 → 成品

（4）制作方法：

①调团：先把白糖、猪油、鸡蛋用手搅拌成均匀的膏状，加入小苏打、臭粉，再将面粉过筛拌入，抄拌成雪花状后采用堆叠法，将尚松散的物料通过堆叠使其相互渗

透，面团逐渐黏结成团。②成形：将面团搓成长条，分成每个50克的剂子。将面剂放入桃酥模内压紧实，磕出，放入烤盘（或将面剂搓成圆球压成饼形，放入烤盘，中间用手指压一凹坑），再放入一块核桃仁。③成熟：放入烤炉用160℃炉温烘烤至金黄色、饼面呈裂纹状即可。

（5）制作要领：

①正确投料。混酥面团的品种不同，原料的配方也有区别，故调制时一定要严格按照制品的配方要求，正确称量，按顺序要求投料。②油、糖、蛋等原料要充分混合乳化后再拌粉。这样能更好地阻止面粉吸水，使面筋有限度地胀润，减少面筋的生成，使制品口感酥松。③面团温度宜低。面团温度以22℃～30℃为宜。面团用油量越大，面团温度要求越低。温度高，易引起面团“走油”，使面粉粒间的黏结力减弱，面团变松散，影响成形。同时，面团温度高，也会使蓬松剂自动分解而失效。④面团调制时间不宜过长。一般调匀即可，以叠的调团方法为主，否则面团大量生筋，会影响酥松效果。此外，面团调制好后不宜久放，一般都是随调随用。

第四节 学会调制浆皮面团

浆皮面团也称提浆面团、糖皮面团、糖浆面团，是先将蔗糖加水熬制、水解成转化糖浆，再加入油脂和其他配料，搅拌乳化成乳浊液后加入面粉调制成的面团。其面团组织细腻，具有良好的可塑性，制成的成品外表光洁，花纹清晰，饼皮松软。

一、转化糖浆的形成原理

转化糖浆是调制浆皮面团的主要原料。制取转化糖浆俗称熬糖或熬浆。在一定的酸性条件下，并且在水分子的作用下，蔗糖发生水解生成葡萄糖或果糖。葡萄糖和果糖统称为转化糖，其水溶液称为转化糖浆，这种变化过程称为转化作用。熬好的糖浆要待其自然冷却，并放置一段时间后使用，目的是促进蔗糖继续转化，提高糖浆中转化糖含量，防止蔗糖重结晶返砂，影响质量，使调制的面团质地更柔软，延伸性更好，使制品外表光洁，不收缩，花纹清晰，使饼皮能较长时间保持湿润绵软。

二、浆皮面团的成团原理

浆皮面团中面粉加入适量的糖浆和油脂混合后，由于糖浆限制了水分向面粉颗粒内部扩散，限制了蛋白质吸水形成面筋，同时加入面团中的油脂均匀分散在面团中，也限制了面筋形成。这样，使得调制的面团弹性、韧性降低，可塑性增强。此外，糖浆中的部分转化糖使面团有保潮防干、吸湿回润的特点，成品饼皮口感湿润绵软，水分不易散失。

三、浆皮面团调制工艺

浆皮面团的调制方法通常也为叠，我们以传统中点广式月饼为例来了解浆皮面团的调制工艺要点：

广式月饼

（1）品种特点：

色泽棕红，花纹清晰，馅心香甜，饼皮湿润绵软。

（2）产品配方：

广月糖浆：白糖300克、水135克、柠檬酸0.9克。

坯料：低筋面粉500克、花生油125克、广月糖浆350克、枧水10克。
馅心：豆沙馅1650克。
辅料：鸡蛋2个。
（3）工艺流程：

熬糖浆 → 调团 → 制馅 → 包馅成形 → 成熟 → 成品

（4）制作方法：

①熬制糖浆：将水和白糖倒入锅中，大火烧开后约10分钟加入柠檬酸，用中小火熬煮40分钟，糖浆温度达到113℃～114℃，糖度为78°。熬好的糖浆放置15天后使用。

②调团：将广月饼皮配方中的糖浆、花生油和枧水放入容器中搅拌均匀，使之乳化形成均匀的乳浊液。将面粉置于案板上，中间刨个坑，放入乳浊液抄拌均匀，翻叠成团即可。

③制馅：豆沙馅分成每个重100克的剂子，搓成圆球形。

④包馅、成形：将饼皮分成每个重40克的面剂，分别包入豆沙馅，放入月饼印模中用左手掌按实压平，然后右手持模板柄，将模左右侧分别在台板上振敲一下，再将模眼前端与台面放平振敲一下，模眼在台边外，左手配合接住振敲脱下的饼坯，按序放置于烤盘中。

⑤成熟：先用上火220℃、下火180℃炉温烘烤12分钟，出炉冷却后刷上鸡蛋液，再用上火220℃、下火200℃炉温烘烤12分钟。

（5）制作要领：

①应先将糖浆、油脂、枧水等充分搅拌乳化。若搅拌时间太短乳化不完全，就会导致调制出的面团弹性和韧性不均，外观粗糙，结构松散，重则走油生筋。②面团的软硬应与馅料软硬一致。豆沙、莲蓉等馅心较软，面团也应稍软一些；百果、什锦馅等较硬，面团也要硬一些。面团的软硬可通过在配料中增减糖浆来调节，或以分次拌粉的方式调节，不可另加水调节。③拌粉程度要适当，不要反复搅拌，以免面团生筋。④面团调好后放置时间不宜太长。可先拌入2／3的面粉，调成软面糊状，使用时再加入剩余面粉调节面团软硬，用多少拌多少，从而保证面团质量。

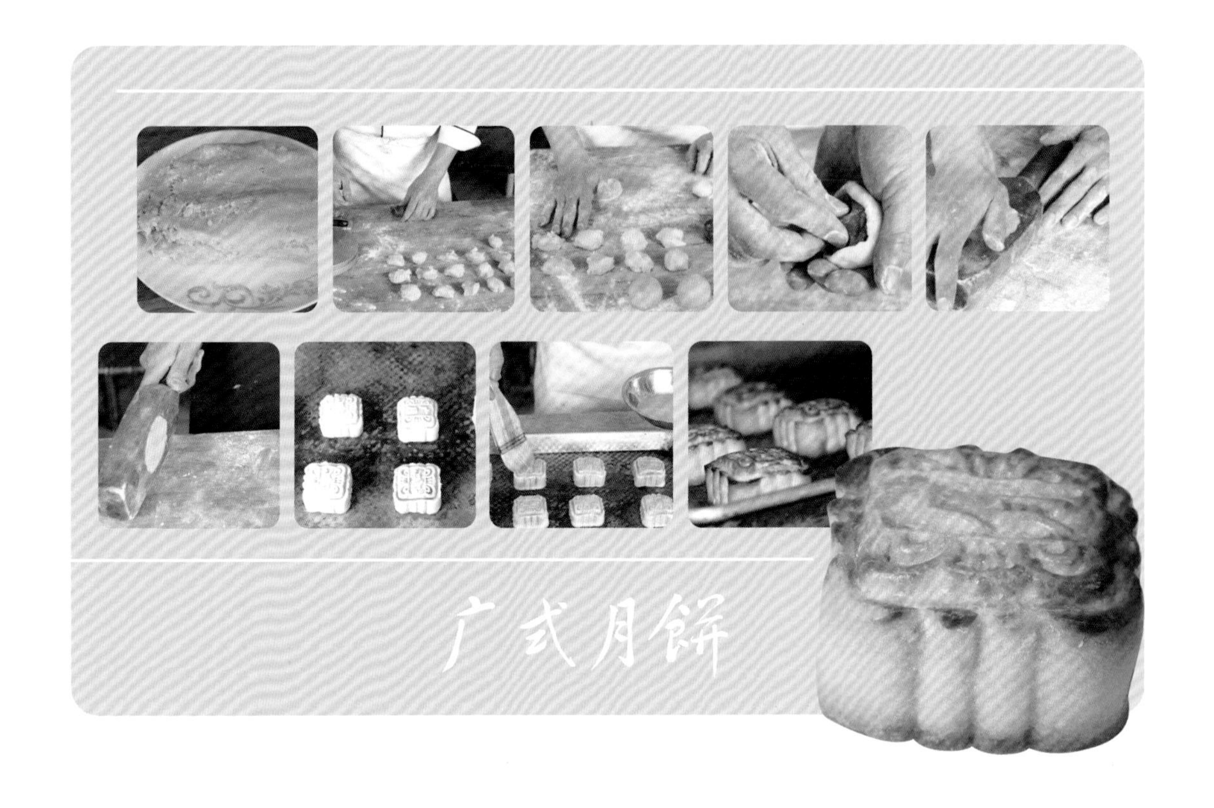

1. 名词解释

（1）干油酥。

（2）圆酥。

（3）走油。

2. 填空题

（1）层酥面团可分为__________、__________和__________三种。

（2）油酥面团中的常用油脂有__________、__________等。

（3）混酥面团一般采用__________方法调制成团。

3. 简答题

（1）哪些原因会使层酥制品酥层散烂？

（2）浆皮面团制品口感明显偏硬是什么原因？

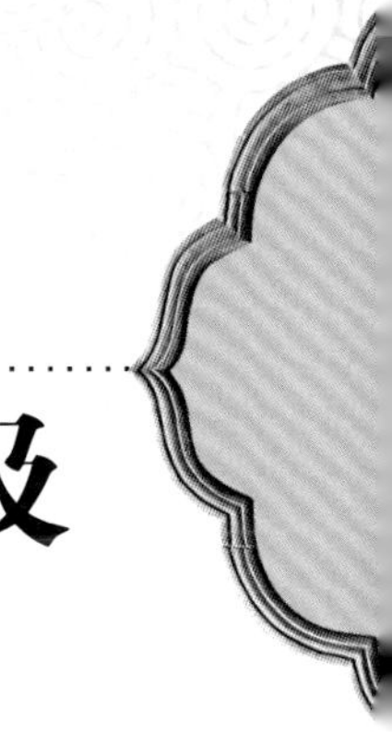

第十章

学会调制米团及米粉团

MIANDIAN GONGYI

教学目的

通过本章的学习，让学生了解米团及米粉团的成团原理、分类及其特点，掌握米团及米粉团成团的相关理论知识和调制方法，并能在实际操作中加以运用。

教学安排

8课时，其中课堂讲授4课时，实验实训4课时。

第一节 什么是米团及米粉团

米团及米粉团是用米及米粉调制而成的，而米粉是米通过磨制加工得来的，其组成成分和米一样，主要都是淀粉和蛋白质，但两者的状态并不相同，使得其调制技术、成团效果、成品口感都有所差别，故将分别介绍。

由于米及米粉所含的蛋白质不能产生面筋，用冷水调制时淀粉没有糊化不会产生黏性，使其很难成团，即使成团，也很散碎，不易制皮、包捏成形，因此，米团及米粉团一般不会用冷水调制，而大都采取特殊措施和办法，如提高水温、蒸、煮等，使淀粉发生糊化作用黏结成团。

根据加工方式的不同我们对米团及米粉团进行了分类（见表10.1）：

表10.1 米团及米粉团的分类

面团分类		品种举例
米团	干蒸米团	八宝饭
	盆蒸米团	糍粑
	煮米团	珍珠圆子
米粉团	糕类粉团	年糕
	团类粉团	汤圆
	发酵粉团	米发糕

小贴士

米粉团和面粉团的异同点

二者均色白，富含蛋白质和淀粉。但面粉加冷水调团筋力强，而米粉团则无筋力、易松散。此外，米粉团一般不用于制作发酵制品（籼米粉除外）。

第二节 米团的调制工艺

我们知道米制品主要包括各种饭、粥、糕、粽等，而米制品坯团的调制主要是通过蒸米和煮米两种方式来完成的，使米受热成熟产生黏性，彼此黏结在一起成为坯团，便于进一步加工成形。蒸米又分干蒸和盆蒸。

一、干蒸米团的调制工艺

干蒸指将米洗好后用清水浸泡一段时间，让米粒充分吸水，再沥干水分上笼蒸熟，其成团后的特点是饭粒松爽，软糯适度，容易保持形态，适宜制作各种水晶糕、八宝饭等。

1. 调制方法

将米淘洗干净，放入盆内加水浸泡3～5小时，沥干水分，放入垫有纱布的笼内或装入盛器入笼蒸熟，蒸的过程中可适当洒水。

2. 调制工艺的要点

（1）浸米时间要适当。浸米是为了使米粒吸水，干蒸时容易成熟。要根据制品要求控制好浸米时间。

（2）蒸米过程中可适当洒水，其目的是促进米粒吸水，有助于米料成熟。

二、盆蒸米团的调制工艺

盆蒸指将米洗好后装入盆内，加水蒸熟。其特点是饭粒软糯性好，适宜制作米饭、糍粑等。

1. 调制方法

将米淘洗干净，装入盆内加入适量清水，上笼蒸熟。

2. 调制工艺的要点

（1）注意加水量。加水过多过少都会造成问题。糯米要少加水，粳米、籼米要适当多加水。

（2）米要蒸熟蒸透，蒸至米粒中不出现硬心为止。

三、煮米团的调制工艺

通过煮米一般制作一些既要成团又要有饭的颗粒感的坯团。煮米制坯时应沸水下锅，煮至米粒成熟或八至九成熟，起锅沥水，趁热加入鸡蛋液、细淀粉，利用米粒成熟产生的黏性和淀粉、蛋液受热产生的黏性使米粒黏结在一起成为坯团。

第三节 糕类粉团的调制工艺

一、米粉制作工艺

首先我们来了解如何把米加工成米粉：

制作米粉是调制米粉面团的第一道工序，米粉的加工方法一般有三种：干磨、湿磨和水磨，由此导致出现三种米粉（见表10.2）。

表10.2 米粉的类型

	加工方式	优点	缺点	可做制品
干磨粉	不经加水，直接磨制	含水量少，保管方便，不易变质	粉质较粗，成品滑爽性差	元宵、豆沙麻圆
湿磨粉	淘洗、加水、静置、泡涨，去水磨制	粉质比干磨粉细软滑腻，制品口感也较软糯	含水量多，难以保存	蜂糕、年糕
水磨粉	淘洗、冷水浸透，连水带米一起磨制	粉质比湿磨粉更为细腻，制品柔软，口感滑润	含水量多，不易保存	水磨年糕、水磨汤团

掺和粉料。米粉的软、硬、糯程度，因米的品种不同差异很大，如糯米的黏性大，硬度低，成品口味黏糯，成熟后容易坍塌；籼米黏性小，硬度大，成品吃口硬实。为了提高成品质量、扩大粉料的用途，便于制作，使成品软硬适中，需要把几种粉料掺和使用。所以，调制米粉面团时，常常将几种粉料按不同比例掺和成混合粉料。

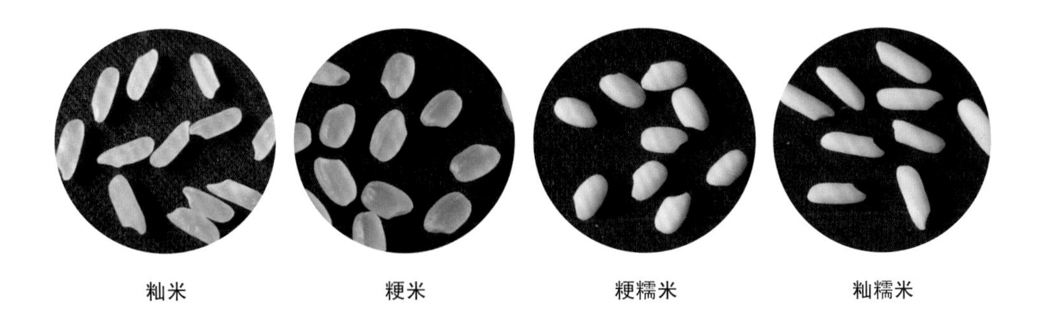

籼米　　粳米　　粳糯米　　籼糯米

二、糕类粉团的调制工艺

糕类粉团是指以糯米粉、粳米粉、籼米粉加水或糖（糖浆、糖液）等拌和而成的粉团。糕类粉团一般可分为三类：松质粉团、黏质粉团、加工粉团。

（一）松质粉团

松质粉团由糯、粳米粉按适当的比例掺和成粉粒，加水或糖（糖浆、糖汁）拌和成松散的湿粉粒状物，再采用先成形后成熟的工艺顺序调制而成。松质粉团制品松质糕的特点是，大多为甜味或甜馅品种，如甜味无馅的松糕和淡味有馅的方糕等。松质粉团可根据口味分为白糕粉团（用清水拌和不加任何调味料调制而成的粉团）和糖糕粉团（用水、糖或糖浆拌和而成的粉团）；根据颜色分为本色糕粉团和有色糕粉团（如加入红曲粉调制而成的红色糕粉团）。

代表性品种举例：

白松糕

（1）品种特点：

多孔、松软。

（2）产品配方：

米粉500克（粳米∶糯米＝5∶1），白糖200克，水325克。

（3）工艺流程：

拌粉 → 过筛 → 装模 → 成熟 → 成品

（4）制作方法：

拌粉：将冷水与米粉、白糖拌和成不黏结成块的松散粉粒状物，静置一段时间。过筛装模：将醒制好的粉团过筛，最后装入模型中成形，蒸制成熟即可。

（5）制作要领：

①拌粉就是指加入水与配置粉拌和，使米粉颗粒能均匀地吸收水的过程。在拌粉时应掌握好掺水量。②拌和后还要静置一段时间，目的是让米粉充分吸水。③过筛一定要选择合适的目数。过筛所用的粉筛的目数一般小于30目。

（二）黏质粉团

黏质粉团的调制过程与松质粉团大体相同，但制品采用先成熟、后成形的方法来制作。即把粉粒拌和成糕粉后，先蒸制成熟，再揉透(或倒入搅拌机打透打匀)成为团块，即成黏质粉团。可将其取出后切成各式各样的块，或分块、搓条、下剂，用模具做成各种形状。黏质粉团制品黏质糕一般具有韧性大、黏性足、入口软糯等特点，如蜜糕、糖年糕等。

代表性品种举例：

年　糕

（1）品种特点：

韧性大，黏性足，入口软糯。

（2）产品配方：

糯米粉500克，水430克。

（3）工艺流程：

拌粉 → **成熟** → **成团** → **切坯** → **成品**

（4）制作方法：

①拌粉：将冷水与糯米粉拌和。②成熟：倒入蒸笼中蒸制成熟。③成团：趁热揉匀揉透成团块。④切坯：切成小条或片即成。

（5）制作要领：

①在拌粉时应掌握好掺水量。②拌和后还要静置一段时间，目的是让米粉充分吸水。③成熟时要注意成熟程度。④揉至成团时一定要揉透。

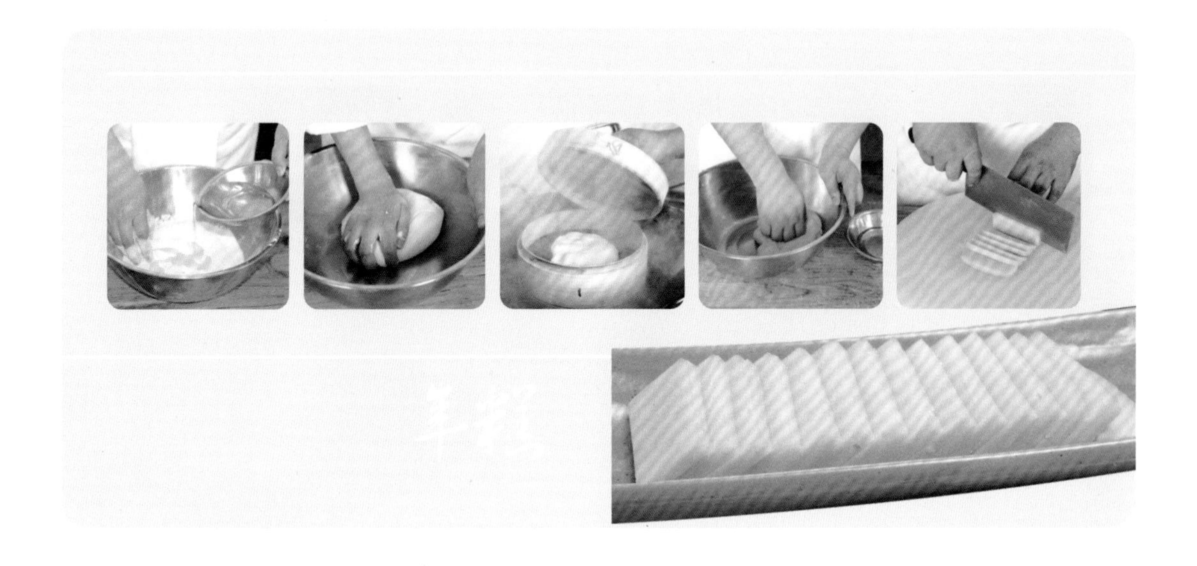

（三）加工粉团

加工粉团是由糯米粉经过特殊加工而调制的粉团。糯米经特殊加工而制成的粉，称为加工粉、潮州粉，其特点是软滑而带韧性，多用于广式点心，制水糕皮等。

第四节 团类粉团的调制工艺

团类粉团是以糯米粉、粳米粉按一定比例掺和后加水调制而成的粉团。粉料多先部分预熟处理以增强淀粉黏性再调制。团类制品按成形成熟次序的先后不同，可分为先成形后成熟的生粉团和先成熟后成形的熟粉团两种。

一、生粉团

生粉团是指取糯米粉、粳米粉混合成的粉料少部分进行热处理，再与其余部分生粉料调拌或揉搓成团的粉团。生粉团制品工艺顺序是先成形后成熟。生粉团经制皮、包馅、成形，可制出具有皮薄、馅多、黏糯、口感润滑特色的各式汤团。因制作粉团的米粉的加工方法不同，调制粉团的方法也不尽相同。

代表性品种举例：

豆沙麻圆

（1）品种特点：

色泽浅黄，酥香甜润。

（2）产品配方：

糯米粉180克、澄粉20克、豆沙馅100克、白糖40克、沸水175克、脱壳芝麻仁100克、猪油10克、泡打粉2克。

（3）工艺流程：

糯米粉、白糖、泡打粉 → 调制面团 → 包馅成形 → 炸制 → 成品

（4）制作方法：

①调制面团：先将白糖加入适量的沸水溶化成糖液待用；再将澄粉加入适量的沸水烫成较软的熟面团，然后与糯米粉、少许泡打粉和少许猪油一起，加入适量的糖液调制成软硬适中的面团，分成剂子即成皮坯。②包馅成形：取皮坯一个，用手按成“凹”形，包入豆沙馅，封口捏成球状体，并将其搓圆后立即放入脱壳芝麻仁中，使其表面均匀地粘裹上一层芝麻并搓紧即成生坯。③炸制：将锅置于火上，加入较多的植物油烧至三成热时，放入麻圆生坯慢慢浸炸，炸至麻圆浮面，再升高油温炸至麻圆色浅黄、皮酥脆即可起锅。

（5）制作要领：

①调制面团时要使面团软硬适度。②包馅成形时要将豆沙包于正中央，且芝麻要搓紧。③炸制时把握好油温，不宜过高。

二、熟粉团

用糯米粉、粳米粉按成品要求掺和成粉料，加入冷水拌和成粉粒，蒸熟，倒出揉透（或在搅拌机内搅透拌匀）成团块，即成熟粉团，将其取出可制成各种团类品种。制品的特点是软糯、有黏性，如芝麻凉团、双馅团子等。

代表性品种举例：

三鲜米饺

（1）品种特点：

饺皮色白软糯、馅心咸鲜细嫩。

（2）产品配方：

米粉（糯米与粳米1∶5）500克、水430克、猪肉350克、火腿25克、冬笋25克。

调味料：猪油20克、料酒5克、味精2克、胡椒粉1克、食盐4克、酱油10克、香油5克。

（3）工艺流程：

（4）制作方法：

①调制面团：米粉加少许适量的清水揉匀成团，用手将粉团压成薄片，放入蒸笼蒸熟，出笼后放在案板上反复揉搓制成光滑的皮料，盖上湿纱布待用。②制馅：将猪肉、火腿、冬笋分别切成颗粒。猪油入锅烧至三四成热时，下猪肉炒散籽，加料酒、食盐、酱油炒香，再加入冬笋、火腿颗粒炒匀起锅。冷后加入味精、胡椒粉、香油拌匀即成馅心。③包馅成形：取皮料切成剂子，擀成直径为7～8厘米的圆皮，装上馅心，用手捏成直皱纹的饺坯，放入刷了油的蒸笼内。④成熟：将包好的饺坯盖上笼盖，用旺火沸水蒸约6～8分钟即可。

（5）制作要领：

①调制面团时要控制好面团的软硬度，要蒸熟透。②制馅时应用猪油炒制，使其凝固，便于包制。③控制好蒸制时间，不宜过长，以免变形。

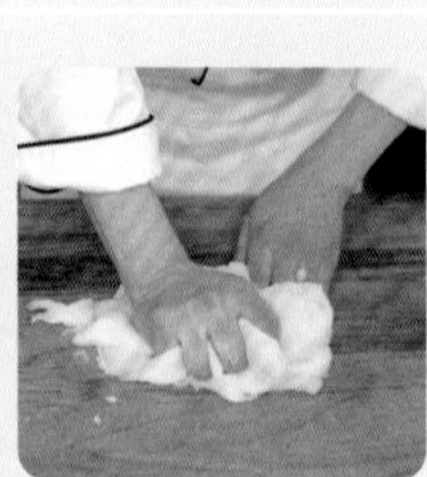

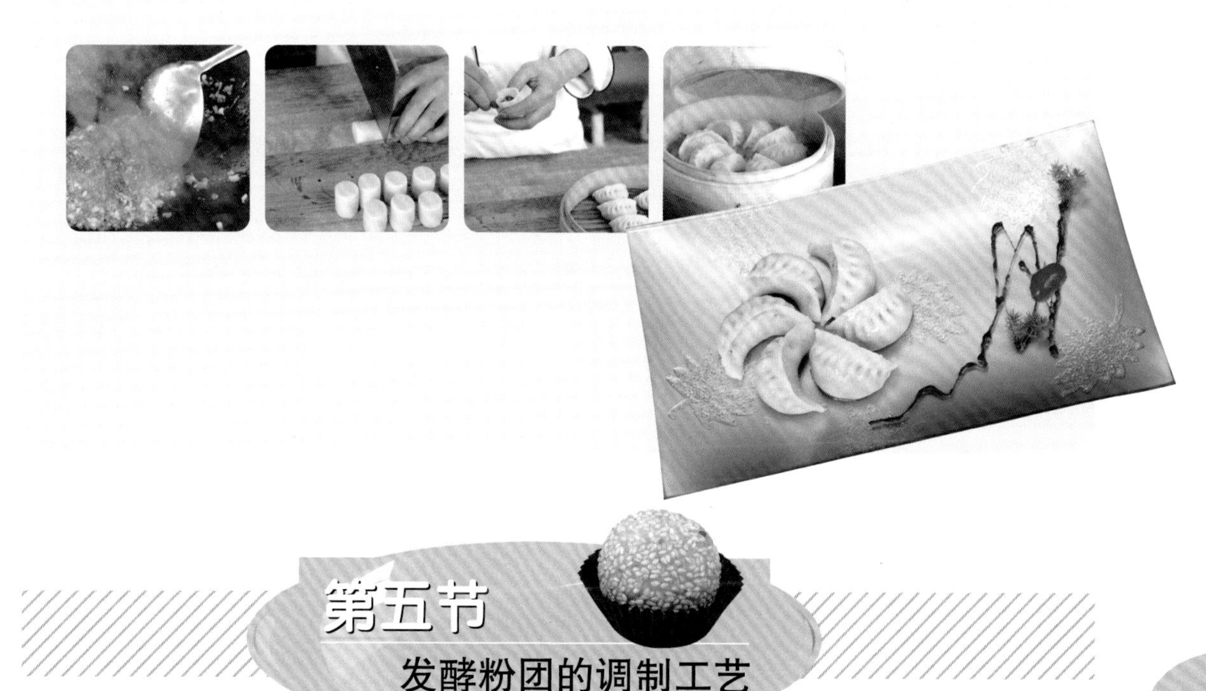

第五节 发酵粉团的调制工艺

形成发酵面团必须具备两个条件:一是产生气体的能力，二是保持气体的能力。面粉可以用来调制发酵面团正是具备了这两个条件。但是，粳米粉和糯米粉不具备这两个条件。首先，粳米粉和糯米粉所含的淀粉多是淀粉酶活力低的支链淀粉，因其淀粉酶活性低，分解淀粉为单糖的能力很差，供给酵母繁殖的养分少，使酵母繁殖缓慢，生成的气体少，缺乏良好的生成气体的条件；其次是米粉中的蛋白质不能形成面筋网络，没有良好的保持气体的性能。所以，粳米粉和糯米粉一般都不能制作发酵制品。但籼米粉则可以调制成发酵粉团，这是由籼米粉中的直链淀粉含量较多这一特点所决定的，但为了增加其保持气体的能力通常还要加入适量的面粉或采用熟芡法调制。

发酵粉团是米粉面团的一种，是用籼米粉加水及蓬松剂，再掺入辅料糖、糕肥等调制而成的面团。它可制成松软可口的膨松制品。

代表性品种举例：

米发糕

（1）品种特点：

香甜细嫩、松泡软绵。

（2）产品配方：

籼米粉500克、酵母10克、白糖100克、水750克。

（3）工艺流程：

调米浆 → 发酵米浆 → 成形成熟 → 成品

（4）制作方法：

①调米浆：籼米粉加水调成米浆，取部分米浆放入锅中制成熟芡，再加入米浆，调匀。然后加入酵母搅拌均匀后让其发酵。②成形、成熟：将发好的米浆加入白糖和匀，用勺舀入刷油的梅花盏，放入笼中，用旺火沸水蒸约15分钟蒸熟，出笼后晾凉，从梅花盏中取出，入冰箱冷藏。③售卖：售卖前从冰箱取出，回笼蒸热即可。

（5）制作要领：

①注意米浆的干稀度要适度。②注意米浆的发酵时间，米浆表面有较大气泡出现即可。③注意蒸制时间，过短中心没熟，过长表面易稀。

思考题

1. 名词解释

（1）干蒸米团。

（2）松质粉团。

（3）熟粉团。

2. 填空题

（1）米粉根据加工方法可分为__________、__________和__________。

（2）糕类粉团和团类粉团的原料区别是__________。

（3）松质粉团的工艺流程是拌粉→__________→__________→成熟→成品。

3. 简答题

（1）黏质粉团和松质粉团调制技术的差异在什么地方？

（2）粳米粉和糯米粉为什么不能发酵？

第十一章

学会调制其他面团

MIANDIAN

教学目的

通过本章的学习，让学生了解澄粉面团、杂粮面团、果蔬面团和羹汤及冻类面团调制的相关知识，理解其他面团成团的基本原理，掌握其他面团调制的影响因素和技术要领。

教学安排

8课时，其中课堂讲授4课时，实验实训4课时。

第一节 学会调制澄粉面团

澄粉是小麦通过精加工去掉蛋白质和各种灰分后所得的纯淀粉，简单说就是纯的小麦纯淀粉。因为澄粉没有面筋蛋白，所以调制面团时应采用沸水而不能用冷水，否则面团的成团性较差，不易成形。必须采用烫面的方式调制澄粉面团，利用淀粉受热发生糊化反应，使粉粒黏性增强，便于成团。

一、什么是澄粉面团

澄粉面团是指澄粉加入适量的沸水调制而形成的面团。其成团原理是利用淀粉受热大量吸水发生糊化反应，使粉粒黏结而形成面团。澄粉面团色泽洁白，具有良好的可塑性，适合制作各类精细的造型点心，其制品成熟后晶莹剔透，呈半透明或透明状，光滑细腻，口感软糯嫩滑，能给食客带来难忘的视觉效果和口感体验。

二、澄粉面团调制的配方（单位：克）

澄粉	生粉	沸水	猪油	可加辅料
500	100	700～750	20	盐、糖等

三、澄粉面团的调制方法

先将澄粉、生粉装入钢盆中拌匀，加入沸水用木棒搅拌成团，烫成熟澄粉面，倒在案台上快速揉搓使其光滑均匀，并加入猪油再揉搓均匀即成澄粉面团，然后盖上湿毛巾或封上保鲜膜饧面。在调制澄粉面团时可根据制品的口味需要加入适量的糖、盐等辅助原料，以改善制品的口感。

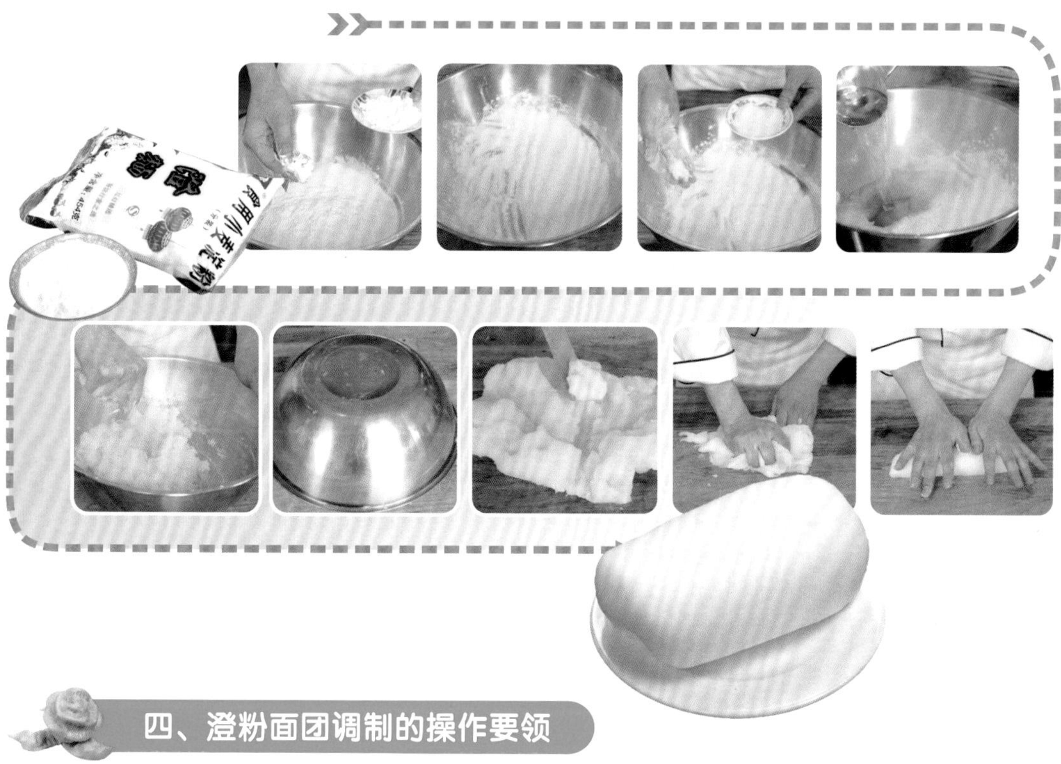

四、澄粉面团调制的操作要领

（1）控制好澄粉和生粉的比例。只有澄粉和生粉比例适当，才能使面团既有较好的可塑性，又有一定的韧性，便于成型。

（2）把握好水温和水量。调制澄粉面团时一定要加沸水，让澄粉充分发生糊化，使面团黏性好。同时控制好加水量，让澄粉充分吸水发生糊化反应达到全熟效果。

（3）要趁热充分揉面。调制澄粉面团时一定要趁热将面团揉匀揉透，防止面团出现白色斑点，使面团光滑细腻，柔软性更好，便于成型。

（4）面团中要加入猪油。调制澄粉面团时加入猪油会使面团更加光滑细腻，制品成熟后光泽度更好，口感更加软嫩滋润。

小贴士

不称量准确把握澄粉团加水量的小窍门

调制澄粉团粉与水的体积比约为1∶1。可先将澄粉和生粉拌匀后拨至盆的一边占1/2位置，然后再掺入与之等体积的沸水（水与粉齐平）迅速搅匀，烫好后软硬合适。

五、代表性品种举例

莲蓉水晶饼

（1）品种特点：

造型美观，晶莹剔透，软糯甜润。

（2）产品配方：

面团：澄粉300克、生粉50克、沸水500克、猪油25克、白糖50克。

馅心：莲蓉馅400克。

（3）工艺流程：

面团调制 → 包馅成形 → 蒸 → 装盘 → 成品

（4）制作方法：

①澄粉、生粉和白糖混合均匀后加沸水调制成全熟面团，加入猪油搓揉使其光滑细腻，盖上湿毛巾饧面。②面团搓匀后摘成约20克的剂子，按扁包入莲蓉馅收紧封口，放入晶饼模具中压实，翻扣出即为饼坯，放入刷油的蒸笼内。③火旺、水开蒸约5～8分钟至成品晶莹光亮即可装盘上席。

（5）制作要领：

①调制面团时要控制好水量，面团一定要烫熟揉透。②包馅时注意皮料和馅心的比例。③把握好蒸制的火候和时间。

第二节 学会调制杂粮面团

一、什么是杂粮面团

杂粮是指稻谷、小麦以外的粮食，如玉米、高粱、豆类等。杂粮面团，是指将玉米、高粱、豆类等杂粮磨成粉或蒸煮成熟加工成泥蓉调制而成的面团。杂粮面团的制作工艺较为复杂，使用前一般要经过初步加工。有的在调制时要掺入适量的面粉来增加面团的黏性、延伸性和可塑性；有的需要去除老的皮筋蒸煮熟压成泥蓉，再掺入其他辅料调制成面团；有的可以单独使用直接成团。

杂粮面团所用的原料除富含淀粉和蛋白质外，还含有丰富的维生素、矿物质及一些微量元素，因此这类面团的营养素的含量比面粉、米粉面团的更为丰富。而且根据营养互补的原则，这类面团的营养价值也可大大提高。由于一些杂粮的生长受季节的影响较强，所以这类面团制品的季节性较强，春夏秋冬，品种四季更新，并且它们有各自不同的风味特色。一些品种的配料很讲究，制作上也比较精细，如绿豆糕、山药桃、象生雪梨等，这些品种熟制后，具有黏韧、松软、爽滑、味香、可口等特点。

杂粮面团的种类比较多，常见的面团有三大类：谷类杂粮面团、薯类杂粮面团和豆类杂粮面团。调制杂粮面团时，无论是调制哪一类都必须注意：第一，原料必须经过精选，并加工整理；第二，调制时，需根据杂粮的性质，灵活掺和面粉、澄粉等辅助原料，控制面团的黏度、软硬度，便于操作；第三，杂粮制品必须突出它们的特殊风味；第四，杂粮制品以突出原料的时令性为贵。

通过学习，首先要准确掌握各种杂粮面团的调制技术，进一步了解不同类型的杂粮对面团调制技术的影响，进而明白不同的面团对制品效果的影响，以期通过合理使用面团调制技术来控制制品的效果，并且了解面团的形成原理等知识点，来准确地分析和判断技能应用的合理性。

二、学会调制谷类杂粮面团

谷类杂粮主要包括玉米、高粱、小米、荞麦、莜麦等，谷类杂粮面团一般是将谷类杂粮磨制成粉后，加入一定的辅料调制成团，常用于风味面点的制作，此类制品色彩多样、营养丰富、风味独特。

代表性品种举例：

小窝头

（1）品种特点：

色泽鲜黄，口味香甜细腻，富有营养。

（2）产品配方：

玉米粉200克，黄豆粉50克，糖桂花10克，白糖100克，热水200克。

（3）工艺流程：

面团调制 → 饧面 → 成形 → 成熟 → 装盘 → 成品

（4）制作方法：①调制面团：玉米粉、黄豆粉、白糖、糖桂花拌匀，加热水调制成团，盖上湿毛巾饧面30分钟。②成形：将面团搓成长条，摘成6克的剂子，手蘸凉水，将每个小剂捏成中间空的窝头，捏至窝头厚度只有0.3厘米，内外壁光滑，形似宝塔时即成生坯。③成熟：将窝头上笼蒸约10分钟即熟。

（5）制作要领：

①玉米粉要选用糯玉米制作的粉。②生坯要匀称、小巧。③蒸制时用旺火为佳。

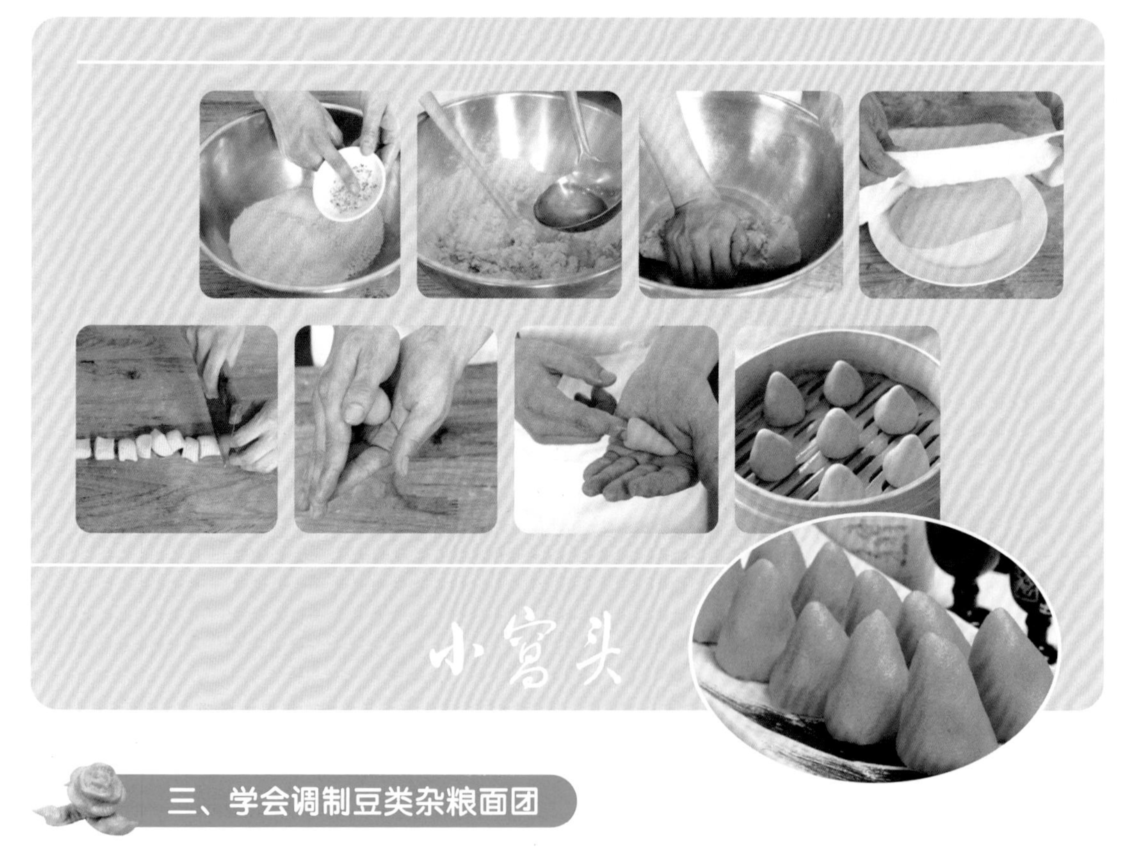

三、学会调制豆类杂粮面团

豆类杂粮种类丰富，如黄豆、绿豆、豌豆、蚕豆、赤豆等，豆类杂粮面团制作的制品常见的是各地风格各异的豆糕，此类制品口味香甜，有豆泥的沙性，风味独特。

豆类杂粮面团一般是用各种豆类（如绿豆、豌豆、芸豆、蚕豆、赤豆等）加工成粉、泥，或单独调制，或与其他原料一同调制而成。

豆类杂粮面团的调制工艺要根据具体品种而定，不同的品种有着不同的工艺要求。

代表性品种举例：

豌豆黄

（1）品种特点：

色泽浅黄，细腻纯净，香甜凉爽，入口即化。

（2）产品配方：

白豌豆500克，白糖350克，水1000克。

（3）工艺流程：

煮豌豆 → 制豆泥 → 熬豆泥 → 冷藏成形 → 装盘 → 成品

（4）制作方法：

①制豆泥：将白豌豆洗净、浸泡。在不锈钢锅或铜锅内加水，将豌豆煮成稀粥状时关火。将煮烂的豌豆过细箩（下放一盆）成豆泥。②熬豆泥:把豆泥倒入锅里，在小火上用木板不断地搅炒，浓稠后用勺子舀起，呈片状流下即可加白糖熬煮，待糖与豆泥融合时即可起锅。③成形：将熬好的豆泥倒入方盒内摊平，冷后放入冰箱内冷藏凝结，即成豌豆黄。食用时将豌豆黄切成小方块或其他形状，摆入盘中。

（5）制作要领：

①煮豆时要足够软烂。②豆泥必须过细箩，否则不够细腻。③熬豆泥时注意火候和各原料的比例。④冷藏后食用，口感更佳。⑤可在熬煮时添加适量琼脂，增强其凝固性。

四、学会调制薯类杂粮面团

薯类杂粮主要包括土豆、甘薯、芋头和山药等，薯类杂粮面团制品口感细腻滋润，口味香美咸鲜，可给食客丰富的感受。

薯类杂粮面团一般要通过将薯类杂粮原料去皮制熟加工成泥蓉，再加入面粉、糯米粉或澄粉等调制而成。此类面团松散带黏、软滑细腻，其制品软糯适宜，甘美可口，有特殊香味。同时该面团具有较好的可塑性，所以适宜制作一些比较精致的点心。为了达到制作效果，一要对原料比例进行严格控制，二要对面团成团技术进行准确把握，可通过掺粉解决面团稀软和成团性差的问题。

代表性品种举例：

酥皮苕梨

（1）品种特点：

形象逼真、外酥里嫩、味道鲜美。

（2）产品配方：

红心甘薯300克，澄粉20克，糯米粉100克，鸡蛋50克，面包糠100克，豆沙馅400克。

（3）工艺流程：

面团调制 → 包馅成形 → 炸 → 装饰 → 成品

（4）制作方法：

①调团：红心甘薯洗净去皮后，约20克切成粗约0.3厘米、长约3厘米的条备用，余下的切厚片上蒸笼蒸熟，冷后擦成泥蓉，加澄粉和糯米粉揉匀成团。②包馅成形：将面团和豆沙馅均搓条下剂，皮坯包入豆沙馅做成梨形，沾蛋液，表面均匀粘上面包糠，顶部插薯条成生坯。③成熟：油锅上火，放油烧至三到四成熟时放入生坯，炸至浮起，色泽金黄时捞出。

（5）制作要领：

①薯类必须蒸熟、熟透。②控制好面团的软硬程度。③把握好炸制的油温和火候。

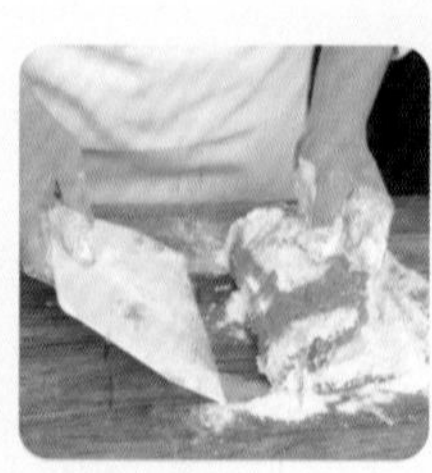

第三节 学会调制果蔬面团

当今餐饮市场中用果蔬类面团制作的小吃很多，它们别具特色，风格各异，越来越受食客们喜爱。此类制品富含各种维生素、果酸和微量元素，营养丰富，能给食客带来难忘的体验。调制果蔬类面团时一般要先将水果或蔬菜加工成小颗粒、细丝或蒸熟捣成泥蓉状，再加入一定的辅助原料，如澄粉面团、熟面粉、糯米粉或烫面团等，以调节面团的成团性、增加面团黏性和可塑性，便于造型。果蔬类面点制品软糯适宜、滋味甜美、滑爽可口、营养丰富，并具有浓厚的果蔬清香味，深受食客们青睐。下面以枣泥荸荠饼和南瓜饼为例，介绍果蔬类面团的调制方法及操作要领。

1. 枣泥荸荠饼

（1）品种特点：

色泽美观，脆嫩爽口，清香甜润。

（2）产品配方：

面团：鲜荸荠500克、熟面粉100克。

馅心：枣泥馅300克。

（3）工艺流程：

面团调制 → 包馅成形 → 炸 → 装盘 → 成品

（4）制作方法：

①鲜荸荠洗净去皮，放入沸水锅中煮熟，捞出趁热剁成小颗粒，放入盆中加入熟面粉拌匀，即成面团。②手上抹少许植物油，取一小块面团，按扁后包入枣泥馅，收好口后按成圆饼即成饼坯。③将锅置于火上，加入植物油烧至150℃左右，下饼坯炸至色微黄起锅即可装盘上席。

（5）制作要领：

①荸荠要入锅煮熟后切粒，且大小合适。②控制好荸荠和熟面粉的比例。③把握好炸制的油温，要使成品色泽浅黄。

2. 南瓜饼

（1）品种特点：

色泽金黄，外酥脆内细嫩，香甜可口。

（2）产品配方：

面团：南瓜250克、澄粉30克、糯米粉300克、白糖50克。

裹料：去壳白芝麻100克。

（3）工艺流程：

糯米粉、白糖 ↓

南瓜 → 切块 → 蒸 → 压泥 → 面团调制 → 包馅成形 → 裹芝麻 → 炸 → 装盘 → 成品

（4）制作方法：

①南瓜去皮去籽后用刀切成厚片，放入笼中蒸熟，取出冷后压成泥，加入澄粉、糯米粉、白糖拌匀成团即为面团。②面团揉匀下剂，取一面剂搓揉均匀，粘上一层去壳白芝麻并搓紧按成圆饼即成饼坯。③将锅置于火上，加入植物油烧至100℃左右，下饼坯浸炸至漂浮油面，再升高油温炸至色泽金黄时起锅即可装盘上席。

（5）制作要领：

①南瓜宜选用色红的老南瓜。②控制好澄粉和糯米粉的比例。③芝麻要搓紧，避免在炸制过程中脱落。④把握好炸制的火候和油温。

第四节 学会调制羹汤

羹汤类制品是各种羹、汤、糊、露等，此类制品能起到解腻清口的效果，深受食客欢迎。羹汤类制品具有其独特的效果，我们在制作和使用时应充分考虑原材料的特性，只有这样才能达到增进食欲，解腻、解渴、调剂口味的功效。其在制作技术上较简单，便于操作，可借鉴成熟工艺中的煮制技术。

代表性品种举例：

椰汁西米露

（1）品种特点：

香甜可口，回味无穷。

（2）产品配方：

西米100克、椰浆100克、鲜牛奶1000克、白糖250克，水500克。

（3）工艺流程：

鲜牛奶、椰浆、白糖、水
↓
煮西米 → 浸漂西米 → 熬汁 → 装碗 → 成品

（4）制作方法：

①煮西米：锅中烧水，开后改小火，把西米放进锅中煮。煮的过程中要不断地搅拌，等到西米心里还有一个小白点的时候，关火。把煮好的西米过凉水。②熬汁：锅里加水、鲜牛奶、椰浆烧开后改小火，加入白糖，最后倒入煮好的西米，起锅装碗即可。

（5）制作要领：

①西米必须沸水下锅。②西米煮透后必须过冷水浸漂，否则易粘连成团。③汁水调味准确。

第五节

学会调制冻类面团

冻类食品是指使用琼脂、鱼胶、明胶等凝固剂，加入各种果料、豆泥、乳品等加工而成的各种凝冻食品。这类制品非常适合夏季食用，具有清凉解暑、健脾开胃的功效。

代表性品种举例：

杏仁豆腐

（1）品种特点：

色泽洁白、质地细嫩、香甜可口。

（2）产品配方：

杏仁50克，鲜牛奶500克，琼脂10克，白糖150克，草莓100克，蜂蜜50克。

（3）工艺流程：

泡琼脂　杏仁 → 磨粉

烧水 → 熬琼脂液 → 熬汁 → 冷凝 → 装盘 → 成品

牛奶、白糖　水果、蜂蜜

（泡琼脂 → 熬琼脂液；磨粉 → 熬汁；牛奶、白糖 → 熬汁；水果、蜂蜜 → 装盘）

（4）制作方法：

①泡琼脂：琼脂放入冷水浸泡至软。②磨杏仁粉：杏仁磨制成粉。③熬汁：锅里加水，放入琼脂熬化，再加入鲜牛奶烧开改小火，加入杏仁粉、白糖熬至入味，起锅过滤后装入方盒内，冷后放入冰箱冷藏成冻。④装盘：将冷藏后的杏仁豆腐，扣出，切成块状装入碗内，把草莓切成块状铺在表面上，淋上蜂蜜即成。

（5）制作要领：

①掌握好琼脂与水的比例。②冷藏后食用更佳。

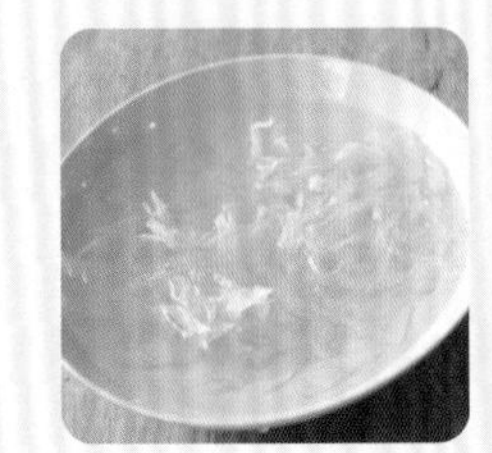

1. 名词解释

（1）澄粉。

（2）杂粮。

2. 填空题

（1）薯类杂粮主要包括__________、__________、__________、__________等。

（2）冻类制品适合__________季食用。

3. 简答题

（1）薯类杂粮面团的调制要领有哪些？

（2）简述椰汁西米露的做法。

第十二章

认识面点成形与成熟

MIANDIAN
GONGYI

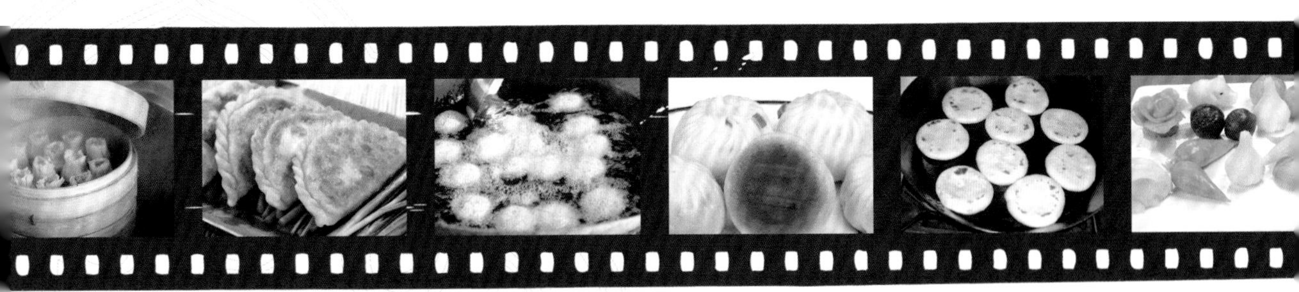

教学目的

通过本章的学习，让学生了解面点成形和面点成熟的相关知识，理解其基本原理，掌握其技术要领，并能学以致用。

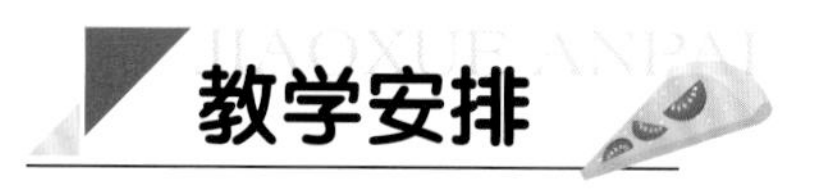

教学安排

8课时，其中课堂讲授4课时，实验实训4课时。

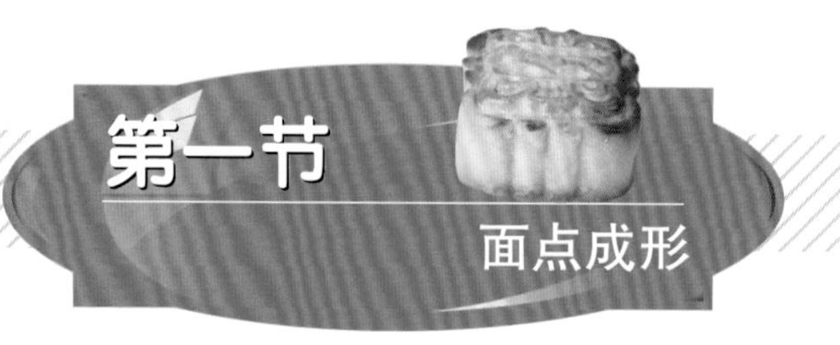

第一节 面点成形

一、什么是面点成形

面点成形，是指将调制好的面团和馅心，按照品种的要求，运用相应的成形技法，制作出面点半成品或成品的过程。

面点成形是面点制作流程中至关重要的一个环节，具有较高的技术性和艺术性。掌握各种成形技法是面点从业人员的职业素养之一。面点成形既能制成各种面点造型，形成花色各异的面点品种，也能使面点更加美观，并形成各自的风味和特色。

二、成形技法

面点成形根据成形方法的不同，可分为手工成形（徒手成形、借助简单工具成形、模具成形及装饰成形等）和机器成形等技法。

（一）手工成形技法

1. 徒手成形技法

徒手成形是指不借助任何工具、模具，仅靠双手进行面点成形的技法。手工成形可分为搓、卷、包、捏、叠、摊、抻等技法。

2. 借助简单工具成形

该技法是指利用简单工具进行面点成形，主要包括擀、切、削、剪、拨等技法。

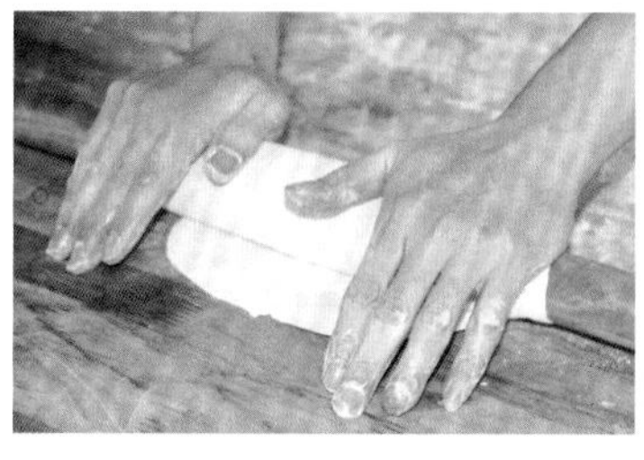

擀面条

刀削面

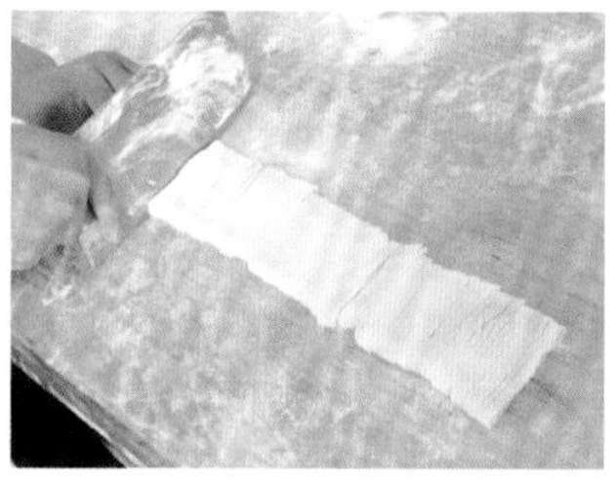

切面条

3. 模具成形技法

根据所使用模具的不同，模具成形技法可分为印模成形、卡模成形、胎模成形和钳花成形等。

印模成形

印模又称磕模、印板，指将纹理图案雕刻在模具上，其图案多样，形状不一，有单眼模，也有多眼模。采用印模成形法时要将面团放入印模内，按压成形，生坯会呈现出与印模一样的图案，磕出即可。印模成形主要适用于可塑性好的面团，如浆皮面团（如广式月饼等）、澄粉面团（如晶饼等）、混酥面团（如桃酥等），以及较松散的面团（如松糕、绿豆糕等）。

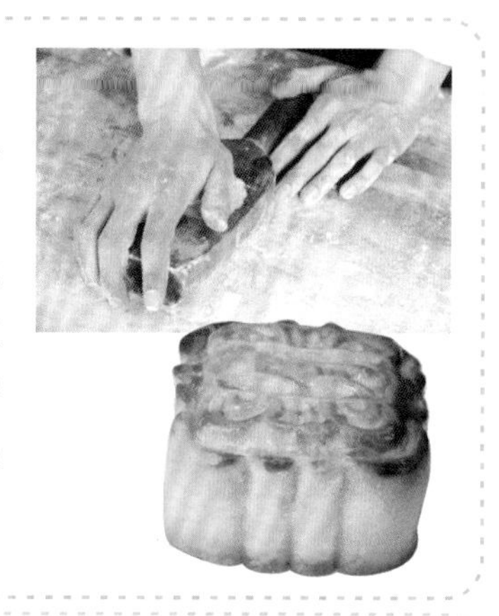

卡模成形

卡模又称套模、扣模，是用铜皮或不锈钢皮制作成的具有一定轮廓形状的镂空模具。卡模成形是将面团加工成片状，然后用卡模在面片上卡出规格一致、形状相同的生坯。卡模成形既可用于生坯的成形（如饼干等），也可用于面点制品的成形（如冻类制品等）。

胎模成形

胎模又称盒模，是具有一定形状的容器状模具，依材质可分为金属模、纸模、硅胶模等，形状多样，规格各异。胎模成形主要适用于较稀软的面团和发酵面团等，如蛋泡面糊（如蛋糕等）、发酵米粉团（如白蜂糕等）、发酵面团（如面包等）。

钳花成形

钳花成形是利用花钳造型的成形方法。花钳，又称花夹子、花车，是一头为波浪形夹子，一头为波浪形可滚动圆片的模具，常见为不锈钢材质或铜质。夹子可夹出波浪形花边，圆片可滚切出锯齿状花纹。

4. 装饰成形技法

有些面点采用装饰的方法使其美化。在美化的同时，还可以增加制品风味，提高营养价值。常用的装饰成形技法有镶嵌、裱花、滚粘、铺撒、立塑等。

镶 嵌

镶嵌，指在糕点生坯表面镶上或内部嵌入一定的原料，使其成熟后呈现出色彩鲜艳的图案花纹。镶嵌，主要起美化面点制品的作用。如百果发糕就是在表面镶上各种干果蜜饯，八宝饭是在碗底摆上花形图案再填入糯米饭蒸熟后倒扣，果酱白蜂糕则是在中间夹上一层果酱。

八宝饭

蛋 糕

裱 花

裱花主要是使用油膏或者糖膏，利用裱花袋和裱花嘴在制品的表面挤注成花卉、果品、动物、山水、文字等图案，美化制品外表。裱花大多用于西式蛋糕的制作，如奶油蛋糕、翻糖蛋糕等。

滚 粘

滚粘就是通过滚动坯团或馅心，使其表面粘上一层装饰料的方法。一般来说，滚粘装饰料都较细小，呈粉末、颗粒、细丝等形态，而坯团本身也具有一定黏性或使用水、蛋液作为黏结剂，有助其黏附装饰料。滚粘法多适用于球状面点制作，如椰丝糯米糍、绣球元宵等。

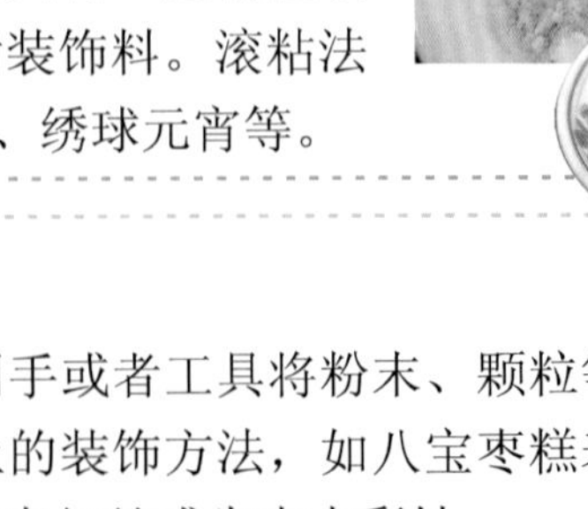

红糖糍粑

八宝枣糕

铺 撒

铺撒是用手或者工具将粉末、颗粒等装饰料撒在面点制品表面上的装饰方法，如八宝枣糕表面撒上芝麻，发糕表面撒上青红丝或朱古力彩针。

立 塑

立塑是指利用糖膏、澄粉团等原料，徒手或借助简单工具捏塑成各种立体形象的装饰方法。立塑适用于大型面点的装饰或者看盘看台的设计。

船 点

（二）机器成形技法

机器成形是指不单凭人工操作，也不仅靠模具成形，而是靠固定在机器上的模具等装置，在工艺流程中相互配合最终完成造型的方法，机器成形具有速度快、效率高，整齐划一的优点。但由于受设备的局限，对一些具有优美造型的传统手工面点品种，它很难达到手工制作的效果，不如手工成形和模具成形灵活、方便。

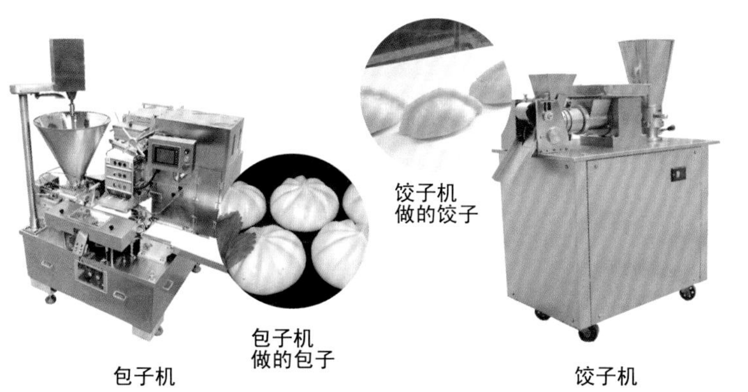

包子机　　饺子机

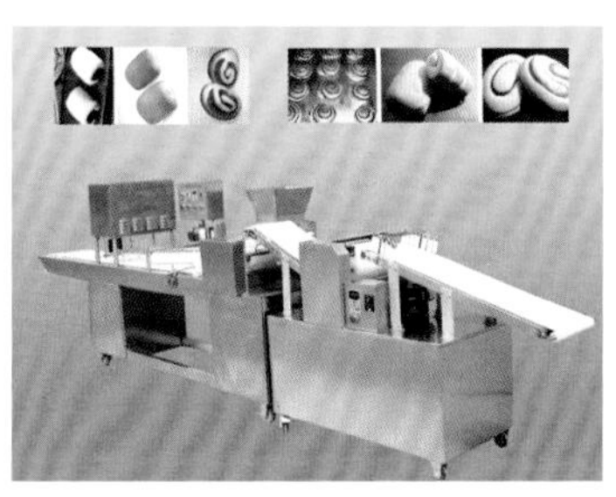

馒头机

第二节 面点成熟

一、什么是面点成熟

面点成熟，就是将成形后的面点生坯（半成品），运用各种加热方法，使其在热量的作用下发生一系列变化，成为色、香、味、形、质、养俱佳的熟制品。

俗话说：“三分做，七分火。”面点成熟在面点制作的一般流程当中，往往是最后一步，它直接关系到面点制品的色泽、香氛、滋味、形态、口感、营养等方面，是决定面点质量的关键环节。

二、面点成熟的导热方法

热量的传递有三种方式，即传导、对流和辐射。其导热过程借助以下传热介质完成：

1. 水

水是最普通最常用的一种导热介质，在面点制作中应用广泛，如煮等成熟方法。水在常压下最高温度不会超过100℃，并且比较恒定，可使制品均匀地受热，由生转熟。用水导热的食品，能较好地保持制品的营养，且滋润可口。

2. 油

油也是一种重要的导热介质，因为其加热温度高、热穿透能力强，很多成熟方法都会用到油作为导热介质，如煎、炸等成熟方法。用油作为传热介质的食品，一般都具有香、酥、脆的特点。

3. 金　属

金属导热一般是指利用锅底、烤盘等金属器皿传热，其导热能力优于水和油，因此往往需要中小火加热，并不停地转锅，如煎、烙等成熟方法。用金属作为导热介质的食品，一般接触锅底的部分香、酥、脆，而未接触到的部分口感依然比较鲜嫩。

4. 水蒸气

水蒸气导热利用了水蒸气对流这一原理，如蒸等成熟方法。它既能保持面点制品的原有风味，也能保持制品的良好形态，而且营养成分损失小，是一种最健康的导热方式。

5. 热空气

热空气导热利用了热空气对流这一原理，受热均匀，如烤等成熟方法。面点制品表皮水分快速蒸发，而内部锁水效果好，成品口感外酥内嫩。

三、面点成熟的作用

1. 保证面点质量

面点制品在面团调制、馅心制作、面点成形等制作过程中所形成的特色和质量，都需要通过面点成熟后转变成面点制品才能体现出来。如果面点成熟环节出了差错，可能就会使面点制品欠火夹生或者过火焦煳，影响人体对食物的消化吸收，甚至引发食物中毒。面点成熟适当的标志，就是面点制品的色、香、味、形、质、养均达到相关的质量要求。

2. 决定面点滋味

面点制品成熟后，其自身的香氛、味道、质感都能很好地体现出来。成熟方法不当，就会影响面点制品的滋味：倘若欠火，面点制品口味不明显，甚至夹生，使其具有异味；倘若过火，蒸煮制品过于软烂，口感不佳，而煎炸制品焦化后糊苦难咽，甚至可能产生有毒有害物质，损害人体健康。

3. 确定面点形态

成熟适当的面点制品色泽美观，体态完整，如蒸煮制品洁白松泡、软嫩可口，煎炸制品色泽金黄、外酥内软，它们良好的卖相让人食欲倍增。相反，成熟方法不当，蒸的东西干瘪坍塌，煮的制品开膛破肚，炸的点心外焦内生，一定会让人扫兴而去。

4. 丰富面点花色

采取不同的成熟方法，可以使相同面团、相同馅心、相同成形方法制作出来的面点制品具有不同的特色，从而使面点的花色品种丰富多彩，如饺子，煮则为水饺，蒸则为蒸饺，水油煎即成锅贴饺子。再如包子，也可以采取不同的成熟方法，做成蒸包、煎包和生煎包等。

四、面点成熟方法

面点成熟方法主要有单一成熟法和复合成熟法两种。

单一成熟法是指在面点成熟过程中，自始至终只有蒸、煮、炸、烤、烙、煎、微波等加热法当中的一种。

复合成熟法是指一些特殊品种使用的成熟方法，除了上述几种单一成熟法外，往往还需要两种或两种以上的成熟方法，如先蒸后煎、先煎后炸、先蒸后炒、先煮后烩等。它与单一成熟法的不同之处在于：在成熟过程中，往往与烹调方法配伍。

从大多数面点品种来看，仍然以单一成熟法为主。而面点品种需要采用哪种成熟方法，需要根据相关面点品种所采用的是哪一种面团、哪一种馅心或成品的要求来灵活运用，使之达到面点制品的品质要求。

（一）蒸

蒸是一种最常用的成熟方法，广泛运用于面点制作工艺当中。蒸就是把制作好的面点生坯，放入蒸笼（或蒸屉）中，利用水蒸气的传导和对流作用，使生坯受热成熟的加热方法。

蒸是一种湿度大、温度较高的加热方法，在面点制作中适应范围广，除油酥面团制品和矾碱盐面团制品外，其他面团品种均可使用，特别适用于发酵面团制品、热水面团制品、澄粉面团制品、米及米粉团制品等面点品种的制作，其制品具有“形态完整、原汁原味、质地松软、馅心鲜嫩”的特点。而且蒸制能有效地减少营养素的损失，是最健康的加热方式之一。

常用的操作方法为：蒸锅内加水（水量以淹过笼足5～7厘米为宜），烧开。蒸笼（或蒸屉）刷油，将面点生坯由外向内摆入笼屉中，上锅，蒸制成熟，出笼即成。

蒸的技术关键主要包括以下几个方面：

（1）蒸笼（或蒸屉）密封性能好，蒸汽充足。

（2）蒸笼（或蒸屉）内加垫具或刷油，避免制品粘在笼具上。

（3）生坯摆放间距要合理。

（4）根据制品要求准确控制蒸制时间。

（二）煮

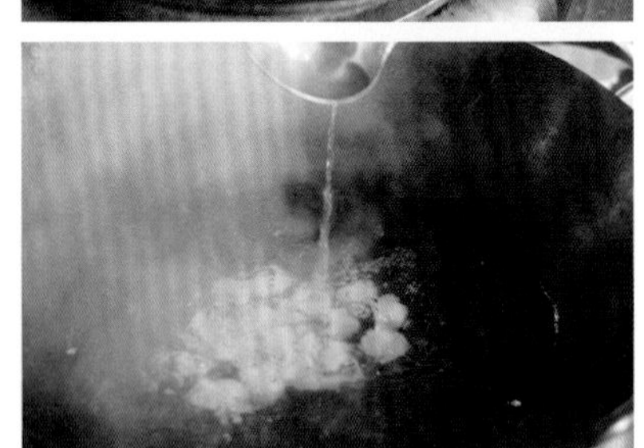

煮就是把制作好的面点生坯投入水锅中，利用水传热使制品成熟的一种加热方法。煮制法在面点制作中应用范围较广，特别是水调面团制品和米团及米粉团制品。

煮是利用水受热后产生的传导和对流作用使面点制品成熟，有三方面的特点：

（1）主要依靠水的传热，而水的沸点在正常气压下仅为100℃，因此煮是各种加热方法中温度最低的，因而加热时间长，成熟速度慢。

（2）面点生坯直接与大量水分接触，淀粉颗粒能在受热时充分吸水膨胀，因此面点制品成熟后体积膨胀，口感爽滑筋道。但需严格控制煮制时间，否则时间过长，面点制品将极易糊烂。

（3）面点生坯在煮制过程中，将受水的对流影响，相互碰撞。因此需“点水”保持水面“沸而不腾”，并严格控制煮制时间，避免制品破损。

常用的操作方法为：锅内加水烧开，用勺推动水面使之旋转。然后依次投入适量面点生坯，并随之搅动，避免生坯粘锅和相互粘连。水沸腾后，需添加少量的冷水，直至面点制品成熟，出锅。

煮的技术关键主要包括以下几个方面：

（1）根据品种不同准确把握用水量。

（2）根据制品需要选择火力。

（3）随下随搅，防止制品粘锅或相互粘连。

（4）水大沸腾时多次“点水”。

（5）锅中水质保持清澈。

（6）根据制品要求准确把握煮制时间。

（三）煎

煎是指平底锅烧热，加入少许的油脂，将面点生坯放入油中直接制熟的方法，或再加入水油混合物，加盖后制熟的方法。

煎与炸一样，也是利用油脂作为主要传热介质的成熟方法。所不同的是，煎制法一般用油量较少，同时还有锅底传热。此外，水油煎还有水蒸气传热。

用油量的多少，根据面点制品的种类和特点有所不同，少的只需在锅底薄薄地抹上一层，多的也一般不超过生坯厚度的一半。油煎的部分色泽金黄（或焦黄），香脆可口，具有特殊风味。

水油煎过程中，油脂传热、锅底传热之余，还有水蒸气的传热。所以底部有油煎的特色，而上部受水蒸气传热影响，色白柔软，与底部形成鲜明的口感对比。

煎制法可以分为油煎和水油煎两种。

1. 油 煎

油煎就是把平底锅烧热后放油，均匀布满，再把面点生坯放入，先煎一面，然后再翻面煎另一面，煎至两面都呈金黄色，内外均熟即成。在成熟过程中，不盖锅盖。在煎制过程中，需要根据不同面点制品的特点和要求，选择合适的火候，并不断地转锅或者移动面点生坯（行业俗称“找火”），使之受热均匀。

油煎（韭菜盒子）

2. 水油煎

水油煎与油煎有较大的区别，具体操作方法是：平底锅烧热后放少许的油，均匀布满后，再将面点生坯由外向内整齐码入锅中，稍煎一会儿，然后分次加入适量清水（或水油混合物，或粉浆），盖上锅盖，使水变成水蒸气传热，焖熟即可。水油煎制品底部焦黄香脆，上部色白柔软，馅心鲜嫩多汁。

从做法上看，水油煎和加水烙相似，风味也大致相同。但也有不同之处：水油煎是油煎后洒水焖熟，加水烙是干烙后洒水焖熟。

煎的技术关键主要包括以下几个方面：

（1）掌握好火力和油温。

（2）确保生坯受热均匀。

（3）根据制品要求严格控制煎制时间。

水油煎（生煎包）

（四）炸

炸，又称油炸，是将成形的面点生坯投入到已加热到一定温度的油内进行成熟的方法。

油脂是一种良好的传热介质，能产生200℃以上的高温。炸是利用油脂作为传热介质的成熟方法，在面点制作工艺中应用广泛。

炸是利用油脂的传导和对流来进行热量传递的，其中传导方式为主，对流方式为辅。炸制油量多，油温高，传热效率高，用它成熟的面点制品色泽美观，口感香、酥、松、脆。炸几乎适用于所有面团制品，特别是油酥面团制品、米及米粉团制品、矾碱盐面团制品等。

常用的操作方法为：锅内加油，升温到一定温度，然后投入面点生坯，根据不同制品的要求，选择不同的火力和炸制方法，待其成熟时，出锅沥油即可。

炸的技术关键主要包括以下几个方面：

（1）根据品种不同准确掌握用油量。

（2）根据制品需要选择油温。

（3）控制好火力和油温。

（4）根据制品要求控制炸制时间。

（5）保持炸油的清洁。

（五）烤

烤，又称为焙烤、烘烤、烘、炕，是利用烘烤炉内的高温，把制品加热制熟的方法。

烤目前有两种常用方法：一是把面点生坯贴在炉壁上（如新疆维吾尔族的“打馕”），一是把面点生坯放入烤盘再入烤箱。随着烤箱在食品行业的广泛应用，后者越来越常用。本模块我们也主要以烤箱烤制为例介绍相关知识。

烤制时，烘烤炉内的热量是通过传导、对流和辐射三种热量传递形式传递的，而且三种形式同时进行，并以辐射为主导，其次是传导，对流作用最弱。烤的主要特点是炉内温度高，生坯受热均匀，烤制的面点制品色泽鲜明、形态美观，或外酥内软，或内外绵软、富有弹性。烤的适用范围很广，几乎所有面团制品均可使用，特别是各种膨松面团制品和油酥面团制品等。

常用的操作方法为：烤箱预热到相应温度并调节好上下火。烤盘擦净或刷油，将面点制品生坯整齐地摆放入烤盘中，在制品表面刷上蛋液、糖浆等着色剂或油，将烤盘放入烤箱，根据制品需要的烤制时间烤至成熟，准时出炉。

烤的技术关键主要包括以下几个方面：

（1）根据制品需要选择炉温和湿度。

（2）合理调节上下火。

（3）生坯的摆放间距要合理。

（4）根据制品需要准确把握烤制时间。

（六）烙

烙就是把面点生坯放入平底锅中，通过金属传热的方式制熟的方法。

烙是一种非常传统的成熟方法，主要用于各种饼类的成熟。

烙主要是依靠锅底传热（加水烙同时利用锅底和水蒸气联合传热），而且温度较高，适用于水调面团制品、发酵面团制品、油酥面团制品、米粉团制品及糨糊类面团制品等。烙制品大多都具有底部香脆美观（金黄色或黄褐色）、内部柔软有弹性的特点。

烙的方法可以分为干烙、刷油烙和加水烙三种。

1. 干　烙

干烙就是面点生坯和锅底既不刷油，也不洒水，直接制熟。干烙的方法为：先将平底锅烧热，然后放入面点生坯，烙完一面，再烙另一面，直到制品成熟为止。

干烙过程中，不同的面点制品要求不同的火候：体薄无馅的饼类（如春饼、春卷皮、煎饼等）要求中火短时间成熟；中等厚度的饼类（如大饼）和包馅的饼类（如烧饼、馅饼等）要求小火，时间稍长；较厚的饼类（如发面饼）、油酥面团制品要求微火，时间较长。同时，在烙制时，要不断地转锅或者移动面点生坯，生坯烙到一定程度，还需翻面，使之受热均匀。

2. 刷油烙

刷油烙与干烙类似，只是在烙制过程中，或在锅底刷少许油，每翻一次就刷一次；或在面点生坯表面刷少许油，也是每翻一次就刷一次。刷油烙制品色泽金黄、外香脆内柔韧。

3. 加水烙

加水烙是利用锅底和水蒸气联合传热制熟的方法，是在干烙之后洒水，加盖焖熟。方法是：平底锅加热，放入面点生坯干烙至底部金黄，洒少许水（每次洒在热的地方，使之迅速形成蒸汽。如果一次不够，可以分次洒水），盖上盖，焖熟出锅即可。加水烙制品底部金黄香脆，上部色白柔软。

不管哪种烙制方法，其技术关键都包括以下几点：

（1）根据不同品种选择不同的火力。

（2）确保生坯受热均匀，可不停地转锅或移动生坯。

（3）根据制品要求控制烙制时间。

（七）微波加热

微波加热是指将成形的面点生坯放入微波炉内，通过生坯吸收微波而产生热量，加热制熟的方法。

微波加热具有选择性加热、节能高效、穿透力强、环保、清洁、安全等优点，从而能良好地保持面点制品的营养价值，并具有杀菌效果和延长面点制品保质期的作用。但微波加热也有一定的局限性，如食品表面上色差、成品香气不如传统烹饪制品等。

目前我国的面点微波加热尚处于起步阶段，要有效地将微波加热应用于面点制作，还有很大的开发空间。

五、面点成熟的质量标准

面点制品成熟的质量标准，随品种而异，但从总体来说，依然遵循色、香、味、形、质、养俱佳等六方面的要求。其中，色与形从面点制品的外观衡量，香与味从面点制品的内部衡量，质与养从面点制品的总体衡量。每一个面点制品的面点成熟质量标准都有其不同的要求。下面介绍一些共同的标准：

1. 色　泽

面点的色泽是指面点制品的外表颜色。面点的色泽美观可诱人食欲，先声夺人。不同的面点制品会有不同的面点色泽，但不管何种面点制品，都应达到相应的质量标准：色泽优雅美观，色调和谐自然，整体食欲感强。

2. 香　氛

面点的香氛即气味，是指面点制品中部分脂溶性或水溶性挥发物刺激鼻黏膜后而引起的综合反映。其主要源自原料本身及加工工艺，从而形成面点制品特有的风味，整体要求其自然、柔和、纯正，能刺激人的食欲。

3. 滋　味

滋味是呈味物质刺激人的味蕾而引起的酸、甜、苦、辣、咸等味觉反应。面点的滋味是面点风味的核心，是面点的重要性能之一，也是评价面点质量的决定性因素。滋味方面的一般要求是：咸甜适当、味道鲜纯，不应有酸馊、哈喇、口味过重等怪味和其他不良异味。

4. 形　态

形态是指面点制品的表面形体，是在人眼中形成的视觉感官。面点品种繁多、花色各异，不同的品种具有不同的造型。概括起来，面点制品的形态主要有几何形态（如圆、方、三角等）、象形形态（仿植物形态和仿动物形态）和自然形态（如开花馒头成熟后自然“开花”）等三种形态。其要求是：形态符合面点成形要求，饱满均匀、生动自然、大小一致、收口整齐、包馅位置正确，无破皮、露馅、歪斜、变形等现象。

5. 质　感

面点的质感是指在食用面点制品时，在入口咀嚼过程中，面点制品对口腔的触觉刺激，如酥、脆、软、硬、嫩、韧、滑、糯、松、粘等诸多不同感觉。面点的质感，从本质上来讲，是面点制品自身内部组织结构的客观反映，以及人对面点制品结构的主观评价。质感方面的要求是：面点制品内部结构符合相关的特色，不能有夹生、粘牙、变质等现象。

6. 营　养

食物中一般含有蛋白质、脂肪、碳水化合物、无机盐、维生素和水等营养成分，这些成分都是维持人体正常生理活动以及机体生长所必需的养料，它们在加热制熟后发生复杂的理化变化，成为容易消化吸收的物质，从而可提高面点制品的营养价值。此外，加热制熟能消除一定的有毒有害物质，同时也具有消毒灭菌的作用，可使成品成为卫生食品。在现代西方营养学的影响下，这个标准中还引入了营养均衡、低糖低油低钠盐等相关内容。营养方面的整体要求是：选择符合质量要求的原料，并在制作过程中合理烹饪，减少营养素损失，避免食品污染，防范食物中毒，使面点制品有营养，利于人体吸收，适应于相关人群。

1. 名词解释

（1）面点成形。

（2）面点成熟。

2. 填空题

（1）热量传递方式有__________、__________、__________三种。

（2）单一成熟方法主要分为__________、__________、__________、__________、__________、__________和__________等7种。

3. 简答题

（1）水油煎和加水烙的区别。

（2）模具成形的方法有哪些？

第十三章
筵席面点配备知识

教学目的

通过本章的学习，让学生了解筵席面点配备原则、配备方式以及面点配色、盘饰、围边等相关理论知识。

教学安排

4～6课时，均为课堂讲授。

古人席地而坐，筵和席都是宴饮时铺在地上的坐具，后衍生出“筵席”一词。

宴会与筵席不是同一含义，也不可写成“宴席”。宴会是指因习俗或社交礼仪需要而举行的宴饮聚会，又称酒会、筵宴，是社交与饮食结合的一种形式。筵席是宴会上供人们宴饮的酒席，宴会是以餐饮为主要活动内容的聚会。人们通过宴会，不仅获得饮食艺术的享受，而且可增进人际间的交往。

第一节 筵席面点的配备原则

俗话说“无点不成席”，这说明面点与菜肴是筵席中不可分割的一个整体，面点在筵席中具有相当重要的地位。所以，要重视并掌握面点在筵席中的配备原则和配备方法，充分发挥其在筵席中的作用。

筵席面点配备一般需遵循以下几个基本原则：

一、根据宾客的特点配备面点

在配备筵席面点时，应首先了解并掌握赴宴宾客的国籍、民族、宗教、职业、年龄、性别、体质、饮食特点、风俗习惯及嗜好忌讳，并据此确定品种。也就是说，配备筵席面点应从了解宾客的饮食习惯入手。

因宾客由国内和国外两部分构成，筵席面点需根据具体情况考虑。

1. 国内宾客的饮食习惯

我国各地人民形成了自己的饮食习惯和口味爱好，总体来讲，“南米北面”、“南甜、北咸、东辣、西酸”。南方人一般以大米为主食，喜食米类制品，面点制品讲究精致、小巧玲珑、口味清淡，以鲜为主。北方人一般以面食为主，喜食油重、色浓、味咸和酥烂的面食，口味浓醇，以咸为主。

各少数民族由于生活习惯、饮食特点各不相同，其对主食面点也各有自己的特殊要求。如回族以牛羊肉为馅心原料，蒙古族喜爱奶茶，朝鲜族喜食冷面、打糕。

2. 国际宾客的饮食习惯

随着国际交流增多，加上中国旅游业发展迅猛，来华的国际友人逐年增多，因此，掌握他们的饮食习惯也显得尤为重要。如美国人喜食烤面包、荞麦饼、水果蛋糕、冻甜面点等；法国人喜吃酥点、奶酪、面包；瑞典人喜食各种甜面点、奶油制品；英国人早餐以面包为主，辅以火腿、香肠、黄油、果汁及玉米饼，午饭吃色拉、糕点、三明治等，晚饭以菜肴为主，主食吃得很少；意大利人喜食面食，通心粉全球知名；俄罗斯人主食面包；德国人喜食甜面，尤其是用巧克力酱调制的面点；日本人喜食米饭，也喜欢吃水饺、馄饨、面条、包子等面食；朝鲜人主食米饭、杂粮，爱吃冷面、水饺、炒面、锅贴、打糕等面食；泰国人主食稻米，喜食咖喱饭、米线；印度人喜食米饭及黄油烙饼等面点。

二、根据筵席的主题配备面点

不同的筵席有着不同的设宴主题。配备筵席面点时，应尽量了解设宴主题与宾客的要求，以便精选面点品种，这样做既扣紧了筵席主题，又使得筵席面点的配备贴切、自然。例如：婚宴喜庆热烈，可配备“大红囍字”、“龙凤呈祥”、“合欢并蒂”、“鸳鸯戏水”等象形图案的裱花蛋糕，以及“鸳鸯酥盒”、“莲心酥”、“鸳鸯包”或船点

等象形面点品种，以增加喜庆气氛。寿筵如意吉祥，可选择配备“寿桃蒸饺”、“豆沙寿桃包”、“寿桃酥”、“伊府寿面”等品种，还可以精心制作一些诸如“松鹤延年”、“寿比南山”、“南极仙翁”、“麻姑献寿”等裱花蛋糕。

三、根据筵席的规格配备面点

筵席的规格有高档、中档、普通三种档次之分，因此，筵席面点的配备也有档次之别。筵席面点的质量差别和数量差异取决于筵席的规格档次。面点只有适应筵席的档次，才能使席面上菜肴质量与面点质量相匹配，达到整体协调一致的效果。

四、根据地方特色配备面点

我国面点的品种繁多，每个地方都有许多风味独特的面点品种，在筵席中配备几道地方名点，既可使客人领略地方食俗，增添筵席的气氛，又可体现主人的诚意和对客人的尊重。

五、根据时令季节配备面点

一年有春夏秋冬四季之分，筵席有春席、夏筵、秋宴、冬饮之别。不同季节，人们对饮食的要求不尽相同，所谓“冬厚夏薄”、“春酸、夏苦、秋辣、冬咸”。要依据季节气候变化选择季节性的原料，制作时令面点，配备筵席面点。如：春季可做“春饼”、“炸春卷”、“荠菜包子”、“鲜笋虾饺”等品种；夏季可做“生磨马蹄糕”、“杏仁豆腐”、“豌豆黄”、“鲜奶荔枝冻”等品种；秋季可做“蟹黄灌汤包”、“菊花酥饼”、“蜂巢香芋角”等品种；冬季可做“腊味萝卜糕”、“萝卜丝酥饼”、“梅花蒸饺”、“八宝饭”等品种。在制品的成熟方法上，也因季节而异，夏、秋多用蒸、煮或冻，冬、春多用煎、炸、烤、烙等方法。

六、根据菜肴的烹调方法不同配备面点

一桌筵席中烹调方法多样，可使菜肴彰显不同特色。筵席面点的配备应根据具体菜肴的烹调方法所形成的特色选择合适的面点品种，使其口感和谐统一或对比鲜明。如：烤鸭常配鸭饼，白汁鱼肚常配菠饺，虫草老鸭汤常配发面白结子。

七、根据面点的特色配备面点

面点的特色从色、香、味、形、器、质、养等方面来体现。具体而言，可从以下几个方面考虑：颜色方面，面点与菜肴之间色彩互相衬托，在与菜肴搭配时，应以菜肴的色为主，以面点的色烘托菜肴的色，或顺其色或衬其色，使整桌筵席菜点呈现统一和谐的风格。香气方面，在配备筵席面点时，应以面点的本来香气为主，并以其能衬托对应菜肴的香气为佳。口味方面，一般是咸味菜肴配咸味面点，甜味菜肴配甜味面点。面点制品食用性与欣赏性的有机结合，更能增添筵席的气氛，在筵席面点的配备中应坚持食用为主的原则，采用恰当的造型扣紧主题，衬托菜肴，美化筵席。器的选择要符合面点的色彩与造型特点，并对菜肴起烘托映衬作用。筵席菜点的质感多样化，既可体现筵席的精心制作程度，又可带给人们美的享受。筵席面点在选料、加工制作时除注重单份面点品种的营养搭配外，还应考虑与整桌筵席的营养素的数量、比例是否协调。

八、根据年节食风配备面点

中国面点讲究寓情于食，应时应典。如果举办筵席的日期与某个民间节日临近，面点也应该做相应的安排。如清明节配“青团”，端午节吃“粽子”，中秋节食“月饼”，元宵节吃“汤圆”，春节食“年糕”、“春卷”、“饺子”等。

第二节 筵席面点的配备方式

一、筵席面点的配备应与菜肴及筵席的规格档次保持一致性原则

我们在配备面点时，面点在数量上应和筵席的要求一致，面点的数量过多，就显得喧宾夺主，过少，则显得单薄；在质量上要和筵席的规格保持一致，提高和降低都不合适。

高档筵席一般配点6～8道，其选料精良、制作精细、造型精巧、风味精美。

中档筵席一般配点4～6道，其选料讲究、口味纯正、造型别致、制作恰当。

普通筵席配点2道，其用料普通、制作一般、具有简单造型。

二、筵席面点配备应多样化

我们配备面点时要在口味、造型方法和成熟方法等方面有不同的变化，以求达到不同的色、香、味、型、质，使面点更好地和筵席菜肴相互映衬。

（1）口味多样：面点的口味由面皮和馅心的口味决定。面点在口味上不仅要甜咸搭配，荤素搭配，还要酥脆搭配，软糯搭配，甘鲜搭配以及松化与回味搭配。要根据不同的原料，制作不同的馅心，搭配上不同口感的面皮，使它们相互配合，丰富多彩。

（2）造型方法多样：面点的造型方法是多种多样的，在一组配备面点中，应避免造型的重复，保证造型的多样化。

（3）成熟方法多样化：面点的成熟方法有蒸、炸、煎、煮、烤、烙和复合成熟法等多种。成熟方法对面点的口感有直接的影响，因此配备面点时，选择面点品种应该照顾到不同的成熟方法。

（4）灵活性原则：指面点的配备要根据客人的特点和时令的变化灵活安排。既要考虑到客人的民族饮食习惯，客人的职业、年龄、性别，主宾设宴的目的，也要适应四季的变化和年节的变化。灵活性原则的自如运用，可以使面点为整个筵席增色。

三、筵席面点在配备时要以菜肴为主，面点为辅

我们在配备筵席面点时，要根据筵席的规格档次配备面点，使面点主要起衬托菜肴、调节口味及口感的目的，让宾客更好地品尝菜肴。

四、筵席面点在配备时要与菜肴穿插上桌

筵席上配备的面点主要是起衬托作用，一定要和菜肴穿插上桌，方能更好地体现和突出菜肴的美味和一桌筵席的韵律。提前上桌，让宾客吃饱面点，就不能好好品尝菜肴；如果餐后才上面点，客人先只吃凉菜和热菜，根本不能好好地品尝一桌佳肴，无韵律可言。

五、筵席面点在配备时要做到菜点结合，把握好上桌时机

筵席面点的配备要注意菜肴的上桌时机，不可提前或延迟。如樟茶鸭要配荷叶饼，我们一定要让荷叶饼和樟茶鸭一起上桌。高档的筵席，我们可以在上了三个热菜之后上一个面点品种，以此烘托和延续筵席的档次。

六、筵席面点可以配备羹汤等甜品

筵席面点可以配备羹汤，但一定要和菜肴相互配合，如果面点要配备羹汤，可以让菜肴的汤提前上桌，而面点的羹汤起压桌、收菜之效，此甜品在果盘前上桌，不可在果盘之后。

第三节
面点配色、盘饰与围边

一、面点配色、盘饰与围边的作用

面点的盘饰与围边主要是指用各类可食用的原料通过细致地加工与创意所得的作品造型，对盘边进行装饰，既能烘托菜肴提升菜肴档次，又能给食客美的享受，是面点制作必不可少的技能。

面点盘饰与围边以面塑为最主要的应用形式，也可以用果蔬雕刻、花卉等装饰。不管是中式还是西式的面点，在呈送顾客前，都常以围边、碟头摆件作为装饰，其作用可使面点更精致、更富有美感，最重要的是可以突出筵席的主题，赋予面点及筵席更具人性化的意义。

盘饰就是盘子的装饰，围边是对面点的装饰。其所能起到的作用：一是美观舒服，二是增加食欲，三是使菜的档次有一定的提升。

二、色彩的选择与应用

不同色彩的面点给人以不同的感觉，而色彩有冷有暖，冷色给人以清淡、凉爽、沉静的感觉，暖色给人以温暖、明朗、热烈的感觉。

1. 色彩的定调

面点盘饰、围边一定要和面点有主次之分，明确面点的色彩冷暖之分，这是盘饰的首要条件。

2. 确定底色

确定底色，就是在构图时，要根据色彩的对比和所盛面点的色彩，选择适当的盛器。面点的型美离不开餐具的烘托。

3. 对比色的应用

色彩的对比，就是将不同的色彩互相映衬，使各自的特点更鲜明、更突出，给人更强烈、更醒目的感受。当然，处理不当时，也容易产生杂乱炫目的后果。

三、面点盘饰、围边的特点

面点盘饰、围边，相对于面点制作既有关联又有区别。

1. 用料以面点原料为主

面点盘饰、围边的主要原料是面点原料，如澄面、土豆泥、巧克力酱、果酱等，同时，实际制作中也使用果蔬雕刻及花卉等作为盘饰和围边的原料。

2. 制作工艺简单快捷

因为面点盘饰和围边是为了衬托面点制品，因此盘饰和围边要简洁明了。

3. 美化效果明显

面点盘饰和围边是为面点制品的色形锦上添花，使色形平庸的面点绽放异彩，所以，面点盘饰使用得当，便可收到画龙点睛之效。

四、面点盘饰、围边的应用原则

利用面点盘饰、围边美化菜肴，应遵循以下几条基本原则：

1. 实用性原则

对于面点盘饰、围边而言，需要注意：一是需要进行面点盘饰、围边的菜肴，才能进行面点盘饰、围边，不能“逢菜必饰”，避免画蛇添足；二是主从有别，特别要注意克服花大力气进行华而不实、喧宾夺主式的面点盘饰、围边；三是要克服为装饰而装饰的唯美主义倾向；四是提倡在面点盘饰、围边中多选用能食用的原料，少用不能食用的原料，杜绝危害人体安全的原料。

2. 简约化原则

面点盘饰、围边的内容和表现形式要以最简略的方式达到最佳的美化效果。繁杂琐碎不一定是美的，但也并不是说装饰原料用得越少就越好。面点盘饰、围边的简约是要将盘饰、围边做成面点的“点睛”之笔，要以少胜多，要少而精，恰到好处。

3. 鲜明性原则

面点盘饰、围边要以形象的、具体的感性形式来协助表现面点的美感。在面点盘饰、围边时，要善于利用装饰原料的颜色、形状、质地等属性，在盘中摆放出鲜明、生动、具体的图形。

4. 协调性原则

面点盘饰、围边自身及其与面点要和谐。首先，面点盘饰、围边自身的装饰造型、色彩及其与餐盘之间应该是和谐的，其次，面点盘饰、围边虽然大多是在面点装盘之前进行的，但也应该根据面点的需要进行设计，要充分考虑到它们相互之间在表达主题、造型形式以及原料选择上的联系，使餐盘装饰与面点形成一个有机联系的整体。

五、面点盘饰、围边的构图方法

根据餐盘装饰的空间构成形式及其性质的区别，餐盘装饰可以分为平面装饰、立雕装饰、套盘装饰和面点互饰四类。下面分别介绍它们的构图方法。

1. 平面装饰的构图方法

平面装饰又称面点周边装饰，可以用面塑、水果、蔬菜装饰，要利用原料的性质、色泽和形状，采用一定的技法将原料加工成形，在餐盘中适当的位置上组合成具有特定形状的平面造型。可以采用全围式（沿餐盘的周围拼摆花边）、象形式（如宫灯形、金鱼形、梅花形、花环形、葫芦形、桃形、太极形、花篮形、心形、扇形、苹果形、向日葵形、秋叶形、凤梨形等）、半围式（在餐盘的半边围摆造型）、分段围边式（餐盘周围有间隔地围摆花边）、端饰法（在餐盘的一端或两端拼摆图形的装饰）等方法来装饰。

2. 立体装饰的构图方法

指用立体的面点制品来装饰、衬托面点。立体装饰多用于装饰美化品位较高的面点。立体装饰的题材很广泛，其寓意多为吉祥、喜庆、欢乐，工艺有简有繁，作品有大有小。

3. 套盘装饰的构图方法

将精致、高雅的餐盘，或形制、材质很特别的容器，套放于另一只较大的餐盘中，以提升菜肴的品位价值和审美价值。

在套盘装饰中，小餐盘多选用精致富贵的银器餐盘、高雅素洁的水晶餐盘、磁质餐盘、陶质餐盘等，还选用在形状、材质方面别开生面的容器，如珍贵典雅、浑然天成的大贝壳，编织精致的小柳篮，清香四溢、形制特别的竹筒，质朴自然的椰子、清香瓜、凤梨等。大餐盘大多选用能与小餐盘匹配的磁质餐盘、木质餐盘、竹器餐盘、漆器餐盘、金属支架等。

小餐盘还可参照“平面装饰的构图方法”进行装饰。

4. 面点互饰的构图方法

所谓面点互饰是指利用不同面点之间互补互益的特性，把它们共放在一个餐盘中，以达到相得益彰的装饰效果。这里，面点还可以换成菜肴。所以，菜品互饰包含着菜肴与菜肴、点心与点心、菜肴与点心之间的相互装饰。面点（菜品）互饰将食用与审美融为一体，是值得提倡的装饰形式。

1. 名词解释

（1）宴会。

（2）面点的盘饰与围边。

2. 填空题

（1）一般而言，高档筵席一般配点__________道，中档筵席一般配点__________道，普通筵席一般配点__________道。

（2）面点盘饰、围边的应用原则应遵循__________、__________、__________、__________。

3. 简答题。

筵席面点的配备原则有哪些？

第十四章

面点的创新与开发

MIANDIAN
GONGYI

教学目的

通过本章的学习，让学生了解面点创新开发的方向、思路以及创新开发的方法、品种及功能性面点，理解功能性面点的定义与分类，掌握相关的理论知识和开发创新方法，并能在实际操作中加以运用。

教学安排

10课时，其中课堂讲授6课时，实验实训4课时。

第一节 现代面点创新开发的方向

中式面点的制作和相关的工艺技术以及相关制作工具、成千上万的面食品种，都是中华民族饮食文化的优秀遗产，具有强烈的民族性和时代特征。对于这份遗产，我们除了按“取其精华，去其糟粕”的原则进行扬弃式的继承以外，还应根据当今的时代经济和社会发展的需要，进行改造和创新，这不仅是面点进一步发展的要求，也是面点工艺教学的重要任务。

面点制作工艺是中国烹饪的重要组成部分。近几年来随着烹饪事业的发展，面点制作也出现了十分可喜的势头，但是发展现状与菜肴烹调相比，无论是品种的开发、口味的丰富、制作的技艺等方面，还显得有些不足。这就需要广大的面点师、烹饪工作者不断地探索，组织技术力量研究面点的改革，以适应社会发展的需要，加快面点发展进程。

中国面点是中华民族传统饮食文化的优秀成果。在当前社会发展的新形势下，吸收国外现代快餐企业的生产、管理、技术经验，采用先进的生产工艺设备、经营方式和管理办法，发展有中国特色的、丰富多彩的、能适应国内外消费需求的面点品种，是中国面点今后的发展趋势。

一、面点创新的潜力

（一）面点客源的广泛性

我国传统的饮食习惯是“食物多样，谷类为主”，因此在人们的饮食生活中，面点占有很重要的地位。面点不仅指各种面粉制品，同时也包括各种杂粮及米类制品，它和烹调菜肴组成了人们的进餐食品，也可离开菜肴独立存在。可以讲，在正常进餐情况下，人们一天也离不开面食制品。所以说，面点的制作与创新具有广泛的客源基础。

（二）面点制作发展缓慢，创新具有广阔空间

中国烹饪在世界饮食中具有很高的地位，它主要指中国烹调技艺及个别特色风味小吃而言，中国大部分面点技术仍处于缓慢发展状态，面点制作的工业化程度、面点的营养搭配以及特色风味面点的研制等仍落后于饮食发达国家。我国面点的制作，历来是师傅带徒弟、传统手工作业，而师傅传授技艺又受到传统的“教会徒弟，饿死师傅”等陋习的影响，往往是技留一手，使得面点发展缓慢。因此，面点的创新具有起点低、道路广阔的特点。

（三）人员素质的提高是面点创新的重要保证

随着社会的进步，人们对饮食生活的认识发生了较大的变化，不再认为吃喝单纯是生活中的享受，而是人们生存与健康的保障，饮食也是一门高深的学问。近些年来，我国的烹饪教育如雨后春笋，蓬勃发展，已形成了一整套烹饪教育及研究体系，从饮食技工学校到中专、大专直至烹饪本科及硕士研究生等，无不标志着饮食工作者素质的提高。新时代面点师在科研与创新中，不仅知其然，还知其所以然，他们带徒的方式也从单纯的观察模仿上升至讲授、实践、再讲授、再实践一整套体系，大大加快了学生掌握技术的速度。平均文化水准的提高，给面点的创新奠定了强有力的理论基础。

（四）面点原料经济实惠是创新的物质基础

面点制品所用的主料是粮食类原料，这些原料不但营养丰富，老少皆宜，更是人们饮食中不可缺少的主食原料。面点品种成本低、售价便宜、食用可口、易于饱腹，一年四季，风味各异，品种繁多，可以满足各种消费者的不同要求。我国是一个农业大国，近年来，各种粮食生产量呈上升趋势，因此，面点的制作和创新具有较稳定的物质基础。

二、面点创新开发的思路

（一）拓展新型原料创新面点品种

制作面点的原料类别主要有皮坯料、馅料、调辅料以及食品添加剂等，其具体品种成百上千。我们要在充分运用传统原料的基础上，注意选用西式新型原料，如：咖啡、蛋片、干酪、炼乳、奶油、糖浆以及各种润色剂、加香剂、蓬松剂、乳化剂、增稠剂和强化剂，以提高面团和馅料的质量，赋予创新面点品种特殊的风味特征。

1. 面团的发展是面点品种创新的基础

中国面点品种花样繁多，传统面点品种的制作离不开经典的四大面团：水调面团、发酵面团、米粉面团和油酥面团。不管是有馅品种还是无馅品种，面团是形成具体面点品种的基础。因此，从面团着手，适当使用新型原料，创新面点品种，不失为

一个绝好的途径。除此之外，在某一种面团中掺入其他新型原料，可形成多种多样的面点品种，这也是一种创新。例如：在发酵面团中，适当添加一定比例的牛奶、奶油、黄油，会使发酵面点在暄软膨松之外，更显得乳香滋润，不但口感变得更好了，而且也富有营养。再如：在调制水调面团时，可以采用果汁、牛奶、高汤等代替水来和面，或掺入鸡蛋、绿茶粉等原料制作，也可使面团增加特色。调制油酥面团除了可使用传统的猪油之外，也可以用黄油调制，形成中国创新面点品种。

2. 馅心的变化是面点品种创新的关键

中国面点大部分属于有馅品种，因此馅心的变化，必然导致具体面点品种的部分创新。我国面点用料十分广泛，禽肉、畜肉等肉品，鲜鱼、虾、蟹、贝、参等水产品，以及杂粮、蔬菜、水果、干果、蜜饯、鲜花等都能用于制馅。除此之外，咖啡、蛋片、干酪、炼乳、奶油、糖浆、果酱、巧克力等西式新型原料，也可用于馅心，制作出不同的面点品种。如：巧克力月饼、咖啡月饼、冰淇淋月饼等已经引领了国内月饼馅心品种创新的潮流。“食无定味，适口者珍”。除了用料变化之外，馅心的口味也有了很大的创新。传统的中国面点馅心口味主要分为咸味馅和甜味馅，咸味馅口味是鲜嫩爽口、咸淡合适，甜味馅是甜香适宜。在面点师的创新下，采用新的调味料后，面点馅心的口味有了很大变化，目前主要有鱼香味、酱香味、酸甜味、咖喱味、椒盐味，等等。

3. 面点色、香、味、形、质等风味特征的创新是吸引消费者的保证

色、香、味、形、质等风味特征历来是鉴定具体面点品种制作成功与否的关键指标，而面点品种的创新，也主要是体现在制品的色、香、味、形、质等风味特征能最大限度地满足消费者的视觉、嗅觉、味觉、触觉等方面的需要。在“色”方面，具体操作时应坚持用色以淡为贵外，也应熟练地运用缀色和配色原理，尽量多用天然色素，不用化学合成色素。例如，三色马蹄糕一层以糖色粉为主，一层以牛奶白色为主，一层以果汁黄色为主，成熟后既达到了色彩分层美的效果，又避免了用色杂乱的弊端。在“香”方面，要注意体现馅心用料新鲜、优质、多样的特点，并且巧妙运用挥发增香、吸附带香、扩散入香、酯化生香、中和除腥、添加香料等手段烹调入味成馅，以及采用煎、炸、烤等熟制方法生成香气。在“味”方面，不能仅仅局限于传统面点只用咸、甜两个味，还要会利用更多复合味为面点增添新品种，甚至于创新出不同味的面点皮和馅。在“形”方面，样式变化种类繁多，不同的品种具有不同的造型，即使同一品种，不同地区、不同风味流派中的也会千变万化，造型多样。具体的“形”主要有：几何形态、象形态（它可分为仿植物和仿动物形），等等。“形”的创新要求简洁自然、形象生动，可通过运用省略法、夸张法、变形法、添加法、几何法等手法，创造出形象生动的面点，又要使制作过程简洁迅速。例如，裱花蛋糕中用于装饰的月季往往省略到几瓣，但仍不失月季花的特征；“知了饺”着重对知了眼和知了翅膀进行夸张使其更加形象；“蝴蝶卷”则把蝴蝶身上复杂的图案处理成对称几何形等，既形象生动又简便易行。在“质”方面，创新要求在保持传统面点“质”的稳定性的同时，善于吸收其他食品特殊的“质”，善于利用新原料和新工艺。

（二）开发面点制作工具与设备，改善面点生产条件

“工欲善其事，必先利其器”。中国面点的生产从生产手段看有手工生产、印模生产、机械生产等，但从实际情况看，仍然以手工生产为主，这样便带来了生产效率低、产品质量不稳定等一系列的问题。所以，为推广发扬中国面点的优势，必须结合具体面点品种的特点，创新、改良面点的生产工具与设备，使机器设备生产出来的面点产品，能最大限度地达到手工面点产品的具体风味特征指标。

（三）讲求营养科学，开发功能性面点品种

功能性面点不仅具备一般面点所具备的营养功能和感官功能，还具有一般面点所没有的或不强调的调节人体生理活动的功能。功能性面点主要包括老人长寿、妇女健美、儿童益智、中年调养等四大类。例如，可以开发出具有减肥或轻身功效的减肥面点品种，具有软化血管和降低血压、血脂及血清胆固醇、减少血液凝聚等作用的降压面点品种，也可以开发出有益于老人延年益寿、儿童益智的面点品种。总之，面点创新是餐饮业永恒的主题之一。在社会生活飞速发展和餐饮业激烈竞争的今天，面点的创新已显得越来越迫切。对于广大面点师来说，要做到面点创新，除了要具备一定的主客观条件之外，还要进行科学思维，遵循面点创新的思路，这样才能创作出独特的面点品种来。

具体来说，可以按以下方面进行：

1. 以制作简便为主导

中国面点制作经过了一个由简单到复杂的发展过程，从低级社会到高级社会，能工巧匠的制作技艺不断精细。面点技艺也不例外，于是产生了许多精工细雕的美味细点。但随着现代社会的发展以及需求量的增大，除餐厅高档宴会需精细点心外，开发面点时应考虑到制作时间。点心大多是经过包捏成形，如果进行长时间的手工处理，不仅会影响经营的速度、批量的生产，而且也有害于食品营养与卫生。

现代社会节奏的加快，食品需求量的增大，从生产经营的切身需要来看，已容不得我们慢工出细活，而营养好、口味佳、速度快、卖相绝的产品，将是现代餐饮市场最受欢迎的品种。

2. 突出携带方便的优势

面点制品具有较好的灵活性，绝大多数品种都可方便携带，不管是半成品还是成品，所以在开发时就要突出本身的优势，并可将开发的品种进行恰到好处的包装。在包装中能用盒的就用盒，便于手提、袋装。如小包装的烘烤点心、半成品的水饺、元宵，甚至可将饺皮、肉馅、菜馅等都预制调和好，以满足顾客自己包制的需求。

突出携带的优势，还可扩大经营范围。它不受众多条件的限制，对于机关、团体、工地等需要简便地解决用餐问题时，还可以及时大量地供应面点制品，以扩大销售。由于携带、取用方便，就可以不受餐厅条件的限制，以做大餐饮市场份额。

3. 体现地域风味特色

中国面点除了在色、香、味、形及营养方面各有千秋外，在食品制作上，还保持着传统的地域性特色。面点在开发过程中，在注重原料的选用、技艺的运用中，也应尽量考虑到各自的乡土风格特色，以突出个性化、地方性的优势。如今，全国各地的名特食品，不仅为中国面点家族锦上添花，而且深受各地消费者普遍欢迎。诸如煎堆、时粿、汤包、泡馍、刀削面等已经成为我国著名的风味面点，并已成为各地独特的饮食文化的重要内容之一。而利用本地的独特原料和当地人传统制作食品的方法加工、烹制，就为地方特色面点的创新开辟了道路。

4. 大力推出应时应节品种

我国面点自古以来就与中华民族的时令风俗和淳朴感情有密切的关系，在一年四季的日常生活中，不同时令均有独特的面点品种。明代刘若愚《酌中志》载，那时人们正月吃年糕、元宵、双羊肠、枣泥卷，二月吃黍面枣糕、煎饼，三月吃糍粑、春饼，五月吃粽子，十月吃奶皮、酥糖，十一月吃羊肉包、扁食、馄饨……当今我国各地都有许多适时应节的面点品种。中国面点是我国人民创造的物质和文化的财富，这些品种，使人们的饮食生活洋溢着健康的情趣。

中外各种不同的民俗节日是面点开发的最好时机，如元宵节的各式风味元宵，中秋节的特色月饼，重阳节的重阳多味糕品，春节的各式各样年糕等。在许多节日，我国的面点品种推销还缺少品牌和力度。需要说明的是，节日食品一定要掌握好生产制作的时节，应根据不同的节日提前做好生产的各种准备。

5. 力求创作出易于贮藏的品种

许多面点还具有短暂贮藏的特点，但在特殊的情况下，许多的糕类制品、干制品、果冻制品等，可用糕点盒、电冰箱、贮藏室存放起来，像经烘烤、干烙的制品，由于水分得到了蒸发，其贮存时间较长。各式糕类，如松子枣泥拉糕、蜂糖糕、蛋糕、伦教糕等；面条、酥类、米类制品，如八宝饭、糯米烧卖、糍粑等；果冻类，如西瓜冻、什锦果冻、番茄菠萝冻等；馒头、花卷类等，如保管得当，可以在数日内贮存，保持其特色。假如我们在创作之初也能从这里考虑，我们的产品就会有更长的生命力。客人不必马上食用，或即使吃不完，也可以短暂地贮藏一下，这样，就可增加产品的销售量，如蛋糕之类的烘烤食品、半成品的速冻食品等。

6. 雅俗共赏，迎合餐饮市场

中国面点以米、麦、豆、黍、禽、蛋、肉、果、菜等为原料，其品种干稀皆有，荤素兼备，既可填饥饱腹，又精巧多姿、美味可口，深受各阶层人民的喜爱。

在面点开发中，应根据餐饮市场的需求，一方面要开发精巧高档的筵席点心，另一方面又要迎合大众化的消费趋势，既要有能满足广大群众需求的普通大众面点，又要开发精致的高档筵席点心；既要考虑到面点制作的平民化，又要提高面点食品的文化品位，把传统面点的历史典故和民间的文化内涵挖掘出来。另外，创新面点要符合时尚，满足消费，使人们的饮食生活洋溢出健康的情趣。

三、迎合市场的面点种类

（一）开发速冻面点

近10多年来，随着改革开放和经济的发展，面点制作中的不少点心，已经从采用手工作坊式的生产转向采用机械化生产，能成批地制作面点，来不断满足广大人民的一日三餐之需。速冻水饺、速冻馄饨、速冻元宵、速冻春卷、速冻包子等已打开食品市场，不断增多的速冻食品已进入寻常百姓的家庭。随着食品机械品种的不断诞生，以及广大面点师的不断努力，开发更多的速冻面点将成为广大面点师不断探讨的课题。中国面点具有独特的东方风味和浓郁的中国饮食文化特色，在国外享有很高的声誉。发展面点食品，打入国际市场，中国面点占有绝对的优势。拓展国外市场，开发特色面点，发展面点的崭新天地需要我们去开创。

（二）开发方便面点

在生活质量不断提高的今天，各种包装精美的方便食品应运而生。快餐面在日本问世，为方便食品的制作开辟了新的道路。目前，我国各地涌现了不少品牌的方便食品，即开即食，许多原先在厨房生产的品种，现在都已工厂化生产了，诸如热干面、八宝粥、营养粥、酥烧饼、黄桥烧饼、山东煎饼、周村酥饼等。这些方便食品一经推出，就得到市场的欢迎。许多饭店也专辟了生产车间加工操作，树立自己的拳头产品以赢得市场。方便食品特别适宜于烘、烤类面点，经烤箱烤制后，有些可以贮存一周左右，还有些品种可以放几个月，有利于商品的流通和打入外地市场，这为面点走出餐厅、走出本地区创造了良好的条件。

（三）开发快餐面点

为适应当今快节奏的生活方式，人们要求在几分钟之内能吃到或拿走配膳科学、营养合理的面点快餐食品。近年来，以满足大众基本生活需要为目的的快餐发展迅猛。传统面点在发展面点快餐中前景广阔，其市场包括流动人口、城市工薪阶层、学生阶层。面点快餐将成为受机关干部、学生和企事业单位职工欢迎的午餐的重要供应品种。未来的快餐中心将与众多的社会销售网点、公共食堂、社区中心结成网络化经营，使之进入规模生产的社会化服务体系。有人将中式快餐特点归纳为“制售快捷，质量标准，营养均衡，服务简便，价格低廉”五句话。面点快餐无疑具有广阔的发展前途。

（四）开发系列保健面点食品

随着经济的发展和生活水平的提高，人们越来越注重食品的保健功能，像儿童的健脑食品，利用原料营养的自然属性配制成面点食品，以食物代替药物，将是面点创新开发的一大出路。世界人口日趋老龄化，发展适合老年人需要的长寿食品，其前景越来越看好，这些消费者对食品的要求是多品种、少数量、易消化、适口、方便，有适当的保健疗效，有一定传统性及地方特色。一些具有以上特点，有利于防止人体老化的面点食品在老年人中极有市场。开发和创新传统面点食品，应着重改变我国面点高脂肪、高糖的特点，从开发低热量、低脂肪的食品，从丰富食品的膳食纤维、维生素、矿物质含量入手，创制适合现代人需要的面点品种，这是面点发展的一条重要出路。

第二节 面点的开发与利用

时代的发展变化带来了人们生活水平的变化，同样，在面点需求方面人们也会有新的要求。人们希望吃到原料多样、品种丰富、口味多变、营养适口、简单方便的食品，在原有面粉米粉的基础上，讲究口味的多变性，需求还向着杂粮、蔬菜、鱼虾、果品为原料的面点方面发展，要求生产出既美观又可口，既营养又方便，既卫生又保质的面点品种。

一、挖掘和开发皮坯料品种

米、麦及各种杂粮是制作面点的主要原料，它是面点制品中必需的占主导地位的原料，都含有淀粉、蛋白质和脂肪等，成熟后都有松、软、黏、韧、酥等特点，但其性质又有一定的差别，有的单独使用，有的可以混合使用。

面点品种的丰富多彩，取决于皮坯料的变化运用和面团不同的加工调制手法。中国面点品种的发展，必须要扩大面点主料的运用，使我国的杂色面点形成一系列各具特色的风味，为中国面点的发展开掘一条宽广之路。

可作为面点皮坯料的原料很多，这些原料均含有丰富的糖类、蛋白质、脂肪、矿物质、维生素、纤维素，对增强体质、防病抗病、延年益寿、丰富膳食、调配口味都能起到很好的效果。

1. 特色杂粮的充分利用

自古以来，我国各地人民除广泛食用米、面等主食以外，还大量食用一些特色的杂粮，如高粱、玉米、小米等，这些原料经合理利用可产生许多风格特殊的面点品种，特别是在现代生活水平不断提高的情况下，人们更加崇尚返璞归真的饮食方式。因此，利用这些特色的杂粮制作的面点食品，不仅可扩大面点的品种，而且还可得到各地人们的由衷喜爱。

如将高粱米加工成粉，与其他粉混合使用，可制成各具特色的糕、团、饼、饺等面点。小米色黄、粒小易烂，磨制成粉面可制成各式糕、团、饼，还可以掺入面粉制作各式发酵食品，通过合理的加工也可以制成小巧可爱的宴会品种。玉米加工成玉米粉，又可进一步制成粟粉，粟粉粉质细滑，吸水性强，韧性差，用水烫后糊化易于凝结，凝结至完全冷却时成为爽滑、无韧性、有些弹性的凝固体。而玉米粉可单独制玉米饼、玉米球、窝窝头，做冷点，制凉糕，两者都可与面粉掺和后可制作各式发酵面点及蛋糕、饼干、煎饼等食品。

2. 菜蔬果实的变化出新

我国富含淀粉类营养物质的食品原料异常丰富，这些原料经合理加工后，均可创制出丰富多彩的面点品种。如莲子，加工成粉，质地细腻，口感爽滑，大多制莲蓉馅；作为皮料制成面团后，可根据点心品种要求，运用不同的制作方法和不同的成熟方法，制作糕、饼、团以及各种造型品种。马蹄（荸荠）粉，是用马蹄加工制作而成的，性黏滑而劲大，其粉可加糖冲食，可作为馅心；经加温显得透明，凝结后会爽滑性脆，适用于制作马蹄糕、九层糕、芝麻糕、拉皮和一般夏季糕品等；煮熟去皮捣成泥，与淀粉、面粉、米粉掺和，可做各式糕点。红薯所含淀粉很多，因而质软而味甜；由于糖分大，与其他粉掺和后，有助于发酵；将红薯煮熟、捣烂，与米粉等掺和后，可制成各式糕团、包、饺、饼等；干制成粉，可代替面粉制作蛋糕、布丁等各种中西点心，如香麻薯蓉枣、红薯饼等。马铃薯性质软糯细腻，去皮煮熟捣成泥后，可单独制成煎、炸类各式点心；与面粉、米粉等趁热揉制，亦可做各类糕点，如象生雪梨果、土豆饼等。芋头性质软糯，蒸熟去皮捣成芋泥，软滑细腻，与淀粉、面粉、米粉掺和，能做各式糕点，如代表品种荔浦秋芋角、荔浦芋角皮、炸椰丝芋枣、脆皮香芋夹，等等。山药，色白，细软，黏性大，蒸熟去皮捣成泥与面粉、米粉掺和能做各式糕点，如山药桃、鸡粒山药饼、网油山药饼等。南瓜，色泽红润，粉质甜香，将其蒸熟或煮熟，与面粉或米粉调拌制成面团，可做成各式糕、饼、团、饺等，如油煎南瓜饼、象形南瓜团等。慈菇，略有苦味，黏性差，蒸熟制成泥，与面粉、米粉等掺和后使用，适用于制作烘、烤、炸等类食品，口味香甜，其用途与马铃薯相似。百合，含有丰富的淀粉，蒸熟以后，与澄面、米粉、面粉掺和后，制成面团，可制成各类糕、团、饼等，如百合糕、百合蓉鸡角、三鲜百合饼等。栗子，淀粉比例较大，粉质疏松，将栗子蒸或煮熟脱壳，压成栗子泥，与米粉、面粉掺和后，也可制成各式糕、饼品种。

3. 各种豆类的合理运用

绿豆粉，是用熟的绿豆加工制作而成，粉粒松散，有豆香味，经加温也会呈现无黏、无韧性特点的原料，香味较浓，常用于制作豆蓉馅、绿豆饼、绿豆糕、杏仁糕等，与其他粉料掺和可制成各类点心。赤豆（红豆、红小豆），性质软糯，沙性大，煮熟后可制作赤豆泥、赤豆冻、豆沙、小豆羹，与面粉、米粉掺和后，可制作各式糕点。扁豆、豌豆、蚕豆等豆类具有软糯、口味清香等特点，蒸熟捣成泥可做馅心，与其他粉掺和后可制作各式糕点及小吃，如绿豆糕、红豆糕、豌豆黄、小窝头等。

4. 鱼虾肉制皮体现特色

新鲜河虾肉经过加工亦可制成皮坯。将虾肉洗净用毛巾吸干表面水分，剁碎压烂成蓉，再用食盐将虾蓉搅拌至起胶黏性，加入生粉即成为虾粉团；将虾粉团分成小粒，用生粉作面醭再把它擀薄成圆形，便成虾蓉皮，其味鲜嫩，可包制各式饺类、饼类面点等。新鲜鱼肉经过合理加工可以制成鱼蓉皮。将鱼肉剁烂，放进食盐搅拌至起胶黏性，加水继续打匀，放进生粉拌和即成为鱼蓉皮，将其下剂制皮后，包上各式馅心，可制成各类饺类、饼类、球类面点等，如香茜鱼翅饺、群鱼追月影、春蛋百花卖、吉列虾扇等。

5. 运用时令水果形成特异风格

利用新鲜水果与面粉、米粉等拌和，又可制成风味独特的面团品种。其色泽美观，果香浓郁。通过调制成团后，亦可制成各类点心。例如：香蕉、菠萝、苹果、草莓、桃子、柿子、橘子、山楂、椰子、柠檬、西瓜、猕猴桃等，将其打成果蓉、果汁，与粉料拌和，即可形成风格迥异的面点品种，如煎香蕉软卷、菠萝冻奶糕、苹果奶皮卷、黄桂柿子饼等。

中国面点制作的皮坯料是非常丰富的，只要广大面点师善于思考，认真研究，根据不同原料的特点，加以合理利用，制成皮料、馅料，采用不同的成形和熟制手段，中国面点的发展前景是非常广阔的。

二、挖掘和开发馅料品种

馅料的创新是面点变化的又一重要途径。馅心调制的好坏，直接影响面点的色、香、味、形、质、营养等诸多方面。馅心与皮料相比，皮料的制作主要决定面点的色和形，而馅心则决定面点的香味和口感，同时有些馅心还起着增色的效果。因此馅心不仅具有确定面点口味的作用，同时还肩负着美化面点，保证面点质量、口感的重任。目前，面点馅心在口味上一般是以咸鲜味、甜味为主，其他味型只占很少的比例；在原料的选择上是有限的，常用的原料，主要是猪、羊、牛肉、蛋品、豆制品和一些时鲜蔬菜、果品，对于水产品的利用，也只限于蟹黄、鱼籽、虾米等个别品种。相对于烹调菜肴而言，面点的馅料制作，无论是从原料的综合利用，尤其是高档原料的使用，还是从各种调味味型的变化来看，都远远处于不饱和状态。因此，我们应借助现有的经验，对面点馅心的制作做一些调整。

1. 广泛利用烹饪原料

中国烹饪之所以能闻名于世，其所用原料具有广泛性是一重要因素，作为面点的馅心原料，只要具有可食性均可使用，上至山珍海味，下至野菜家禽，都能做成美味的面点。我们可以将各种各样的烹饪原料用于制作面点馅心，创新开发一些具有特色风味的面点品种。

2. 借助菜肴调味方式制馅

制作面点馅心，除了要设法保持原料本身具有的个性美味外，还要吸收烹调菜肴的味型，如家常味型、酸辣味型、麻辣味型、鱼香味型、荔枝味型和怪味型，同时要善于利用特殊的香料开拓味型，如五香味型、陈皮味型、芥末味型、酱香味型和烟香味型，等等。

3. 探索使用一些新原料制馅

随着科技的不断发展，各式各样的食品新原料被挖掘、制造出来。如果能及时将它们运用到馅心制作中，就能创新开发出独具魅力的风味面点，这样面点肯定具有强大的生命力，能够在短时间占领市场，带来非常可观的经济和社会效益。如：随着吉士粉和蚝油的创新和使用，它们很快被运用到馅心制作上，用吉士粉制作馅心的面点很快风靡全世界，吉士蛋塔馅、吉士奶皇馅被运用到各种各样的中西面点中，而用蚝油叉烧馅制作的面点在每一个城市都有。

三、造型及其他方法的创新

1. 面点造型的翻新

面点的形状，主要是利用由主粉料的自然属性所制作的面皮来表现的。自古以来，我国的面点师就善于制作形态各异的花卉、鸟兽、鱼、虫、瓜果等造型，从而增添了面点的感染力和食用价值。纵观面食美点，尤其是筵席精点，无一不是味与型的完美结合。饺子宴之所以具有吸引力，靠的不仅仅是口味的调制，而且也充分利用了造型的艺术；百饺宴、包子席之所以深受顾客的欢迎，其各式各样的造型也功不可没。“一饺一形”、“一包一形”，充分体现出面点师独具匠心。面点造型的翻新还可以在各种器皿、饰物及用具等贴近生活的物品上进行研究。如：仿书本制作点心，给人一种书香门第、文化高雅的气氛，可以用蛋类面团做成薄饼状，喝酒之后，一人一张悠闲自取，仿佛翻书一般，抬手之间，精神和物质双丰收。也可以做成书本蛋糕，让顾客品味出饮食的文化和艺术；用琼脂、明胶制作一副象棋盘，上面配备车、马、象、士、炮等可食性棋子，使人在食用时心情舒畅，谈棋论道，享受饮食以外的乐趣。

2. 面点制作中色彩的调配

在现实生活中，人们对食品色、香、味、型的要求越来越高。食品的色、香、味、型不仅能使人在感官上享受到真正的愉悦，而且还直接影响着对食品的消化吸收。目前，面点的色泽变化远远不够丰富多彩，一般只有白色、金黄色等几种单调色在起主导作用。中国面点色彩运用的典范首推苏式船点，那些用米粉制作的五彩缤纷的花鸟虫鱼，诱人嘴馋的瓜果鲜蔬，无一不给人以艺术的享受。作为一名面点师，应挖掘和借鉴传统的饮食配色艺术，将其制作手法及色彩运用到各类面团制作中去，以弘扬中国的面食文化，开拓中国的面食市场。

面点制作色彩运用发展的方向是利用植物本色，或者提取的相关汁液进行调配，添加在面团内制成彩色面皮，同样可使面点色彩斑斓。这样不仅能满足面点色泽上的要求，而且能满足营养上的要求，应该是面点今后发展的新趋势。

3. 吸取西点以及其他国外面点小吃的做法，发展中式面点

借用西点和国外小吃的面点制作技法是创新的又一方式，西点主要指来源于欧美国家的点心，它是以面、糖、油脂、鸡蛋和乳品为原料，辅以干鲜果品和调味料，经过调制成型、装饰等工艺过程而制成的具有一定色、香、味、形、质的营养食品。 面点行业在西方通常被称为“烘焙业”，在欧美国家十分发达。西点不仅是西式烹饪的组成部分（即餐用面包和点心），而且是独立于西餐烹调之外的一种庞大的食品加工行业，成为西方食品工业的主要支柱产业之一。中式面点可以直接吸收一些有益的制作方法为我所用，丰富中式面点的品种。例如，广式点心有很多优秀的品种就吸收了外国品种的做法。

目前，从面点的消费对象来看，大众化是其主要特点。因此面点作为商品，必须从市场出发，以解决大众基本生活需求为目的。可以说，随着中外交流的日益频繁，借鉴西式快餐的成功经验发展中式面点快餐已成必然趋势。

4. 开发功能性面点和药膳面点

功能性面点是指除具有一般面点所具有的营养功能和感官功能（色、香、味、形）外，还具有一般面点所没有或不强调的调节人体生理活动的功能的面点。它具有享受、营养、保健和安全等功能。药膳面点是指将药和面点原料调和在一起而制成的面点。它具有食用和药用的双重功能。目前，由于空气和水源等污染加剧，各种恶性发病率逐渐上升，开发功能性面点和药膳面点，已成为中式面点发展的主要趋势之一。

5. 走“三化”之路，以保证中式面点质量

“三化”的含义是指：面点品种配方标准化、面点生产设备现代化和品种生产规模化。只有走“三化”之路，才能保证面点的质量，才能向消费者提供新鲜、卫生、营养丰富、方便食用的有中国特色的面点品种，才能满足人们对面点快餐需求量增加的要求。

6. 改革传统配方及工艺

中式面点的许多品种营养成分过于单一，有的还含有较多的脂肪和糖类，因此，在继承传统优秀面点遗产的基础上，要改革传统配方及工艺。如：可从低热、低脂，多膳食纤维、维生素、矿物质等角度入手，创制适合现代人需要的营养平衡的面点品种。再如：从原料选择、形成工艺等环节入手，对工艺制作过程进行改革，以创制出适应时代需要的特色品种、拳头产品。

7. 加强科技创新

包括开发原料新品种和运用新技术、新设备两方面。开发新原料，不但能满足面点品种在工艺上的要求，而且还能提高产品的质量。如：各种类型的面粉使不同面点品种从口味上、口感上都有了很大的提高。

新技术包括新配方、新工艺流程，它不但能提高工作效率，而且还可增加新的面点品种。新设备的使用不但可以改善工作环境，使人们从传统的手工制作中解放出来，而且还有助于形成批量生产，便产品的质量更加统一、规范。

8. 改革筵席结构

目前，面点在传统筵席中占的比例小，形式单调，因此，要以与菜点结合的方式改革筵席结构，以此来丰富我国饮食文化内涵。

中式面点需要创新的内容还有很多方面，中式面点师在创新面点品种时，既要敢于海阔天空，无所顾忌、无宗无派，又要“万变不离其宗”，这个“宗”就是紧紧抓住中国烹饪的精髓——以“味”为主、以“养”为目的和“适口者珍”。中式面点的创新任重而道远，有着广阔的发展空间，也需要我们踏实勤奋地去挖掘、尽心尽力地去培育、求真务实地去研究。只有这样，中式面点的创新才能持久、充满活力，也才能将具有悠久历史的中国面点发扬光大。

四、面点创新开发的发展趋势

1. 提倡回归自然

在现代科技发达、生活质量不断提高的情况下，人们不得不对传统的面点小吃进行重新审视，由于面粉和大米的主食地位日渐下降，当回归自然之风吹向饮食行业时，人们逐渐倾向于食用天然的原生态的食品。例如，人们再次用生物发酵的方法烘制出具有诱人芳香美味的传统面包，用最古老的酸面种发酵的方法制成的面包，就越来越受到广大人民的青睐。

2. 提倡天然保健食品

由于面点小吃制作技术的不断求新求变，人们曾采用加入各式各样的辅料、添加剂的方法来丰富面点、小吃的款式，但这样制作的成品营养价值却不高，食后不利于健康，所以人们现在都喜欢吃天然的、绿色的、具有保健功能的食品。例如，杂粮类面点，过去因颜色较黑、较难看，口感粗糙、较硬而被摒弃，如今却因含有较多的蛋白质、维生素、矿物质而成为时尚的保健食品。

3. 提倡吃粗粮杂粮面点、小吃

长时期以来为人们所追求的大米、白面逐渐失宠，那些投放在酒店、市场或超市内且标榜卫生、精细加工而成的大米、白面，逐渐失去了吸引力，而利用全麦面粉、粗米、杂粮制成的面点小吃却大行其道。

4. 重视提高技艺

各级组织或单位要经常举办有关面点的各类比赛和展览，以增加专业人士互相考察、学习、鉴别的机会，以此不断改进面点制作工艺。如：各国面点名师不断示范、交流，带来了各地的特色面点、小吃；各国食品厂为了推销自己的产品，也使世界面点业走向技术化、信息化。这些都有些利于面点师开阔视野，提高技艺，同时也可使面点的制作工艺得到丰富，使面点制品更有特色。

5. 重视科学研究

亚洲各国、欧美各国如日本、泰国、瑞士、美国等国家均设置有面食培训及研究中心，其谷物化工、食品工程、食物科学和营养学方面的专家也较多，他们既注意吸取其他国家的成功经验，又注重突出本国的特色，坚持不懈地在各款面点的用料、生产过程等方面进行探索、改良，从而使得面点得到不断地发展和创新。我们国家的相关从业人员也应不断加强中式面点、小吃科学研究，为中式面点进一步走向世界插上一双翅膀。

第三节 功能性面点的开发与利用

一、功能性面点的概念

人类对食品的要求，首先是能吃饱，其次是能吃好。当这两个要求都得以满足之后，就希望所摄入的食品对自身健康有促进作用，于是出现了功能性食品。现代科学研究认为食品具有三项功能：一是营养功能，即能提供人体所需的各种营养素；二是感官功能，能满足人们不同的嗜好和要求；三是生理调节功能。而功能性食品即指除具有营养功能（一次功能）和感官功能（二次功能）之外，还具有生理调节功能（三次功能）的食品。

依据以上所述，功能性面点可以被定义为："除具有一般面点所具备的营养功能和感官功能（色、香、味、形）外，还具有一般面点所没有的或不强调的调节人体生理活动的功能的面点。"

同时，作为功能性面点还应符合以下几方面的要求：由通常面点所使用的材料或成分加工而成，并以通常的形态和方法摄取；应标记有关的调节功能；含有已被阐明化学结构的功能因子（或称有效成分）；功能因子在面点中稳定地存在；经口服摄取有效；安全性高；作为面点为消费者所接受。

据此，添加非面点原料或非面点成分（如各种中草药和药液成分）而加工生产出的面点，不属于功能性面点的范畴。

二、功能性面点与食疗面点、药膳的关系

中国饮食一向有同医疗保健紧密联系的传统，药食同源、医厨相通是中国饮食文化的显著特点之一。

食疗亦称食物疗法，又称饮食疗法，指通过烹制食物以膳食方式来防治疾病和养生保健的方法。具有食疗作用的面点称为食疗面点。

药膳是指将药物和烹饪原料烹制在一起而形成的菜点。它具有食用和药用的双重作用，即药借食力，食助药威，相辅相成，以充分发挥食物的营养作用和药物的治疗作用，达到营养滋补、保健强身和防病治病的目的。因而药膳既不同于一般的中药方剂，又有别于普通饮食，是一种兼有药物功效和食品美味的特殊膳食。

功能性面点与药膳相比较，其根本区别是原料组成不同。药膳是以药物为主，如人参、当归等，其药物的药理功效对人体起作用。而功能性面点采用的原料是食物，同时还包括传统上既是食品又是药品的原料，如红枣、山楂等。通常的面点原料本身含有生物防御、生物节律调整、防治疾病、恢复健康等功能，对生物体具有明显的调整功能。

"食疗面点"这个通俗称谓从未有人给出明确和严格的定义。汪福宝等主编的《中国饮食文化辞典》中"食疗"词目中写道："食疗内容可分为两大类，一为历代行之有效的方剂，一为提供辅助治疗的食饮。"另据《中国烹饪百科全书》"食疗"词目中写道："应用食物保健和治病时，主要有两种情况：①单独用食物……②食物加药物后烹制成的食品，习惯称为药膳。"根据以上对"食疗"的解释，"食疗面点"包括药膳面点和功能性面点两部分内容。

既然食疗面点包括功能性面点，为什么不用"食疗面点"，而采用"功能性面点"来叙述？这里有如下几方面的原因：其一是食疗面点突出的是"疗"字，会给部分消费者造成误解，认为食疗面点和药膳面点一样，疗效是添加中草药的结果，而把功能性面点的内容完全忽略掉。其二是受到中医学"药食同源，药食同理，药食同用”的影响，采用“食疗面点”叙述，非常容易混淆仪器与药物的本质，把食疗面点理解成加药面点或者是食品与药物的中间产物。食品与药物的本质区别之一体现在是否存在毒副作用上。正常摄食的面点绝不能带任何毒副作用，且要满足消费者的心理和生理要求；药物则是或多或少地带有毒副作用，正如俗话所说“七分药三分毒”，所以药膳应在医生指导下辨证施膳，因人施膳，食用量也要严格控制。其三是“功能性面点”一词，适合21世纪中国食品工业的发展趋势。营养、益智、疗效、保健、延寿等是21世纪中国食品和保健食品市场的发展方向。其四是突出了食物原料本身具有的保健功能，强调它是保健面点而不是药膳面点，更不是药品。

功能性面点具有四种功能，即享受功能、营养功能、保健功能及安全功能。而一般性面点没有保健功能或者说有很小的保健功能，达到可忽略程度。面点中都含有丰富的营养成分，具有营养功能不等于有保健功能，不同的营养及量的多少，对个体的作用有很大差异性，甚至具有反差性。如高蛋白质、高脂肪的动物性食物，其营养功能是显而易见的，但对心血管病和肥胖病人来说，不但没有保健功能，反而会产生副作用。保健功能是指对任何人都具有的预防疾病和辅助疗效的功能，如能良好地调节人体内器官机能，增强机体免疫能力，预防高血压、血栓、动脉硬化、心血管病、癌症、抗衰老以及有助于病后康复等功能。总之，面点具有保健功能就是指面点具有有益于健康、延年益寿的作用。

功能性食品起源于我国，已为世界各国学者所公认。

食疗面点是中国面点的宝贵遗产之一。邱庞同的《中国面点史》（青岛出版社2010年版）一书写道：“食疗面点中的食药，本身就具有各种疗效，再与面粉配合制成各种面点后，便于人们食用，于不知不觉中治病。食疗面点确实是中国人的一个发明创造。”因此，我们要努力对之加以发掘、整理，同时利用现代多学科综合研究的优势，发展中国特色的功能性面点。

三、功能性面点允许使用的物品

根据我国《食品卫生法》的规定，食品是指各种供人食用或者饮用的成品和原料，以及按照传统既是食品又是药品的物品，但是不包括以治疗为目的的物品。

1. 既是食品又是药物的物品

国家卫生部先后公布了两批既是食品又是药物的名单。

第一批为：

（1）八角、茴香、刀豆、姜（生姜、干姜）、枣（大枣、酸枣、黑枣）、山药、山楂、小茴香、木瓜、龙眼肉（桂圆）、白扁豆、百合、花椒、芡实、赤子豆、佛手、杏仁（甜、苦）、昆布、桃仁、莲子、桑葚、菊苣、淡豆豉、黑芝麻、黑胡椒、蜂蜜、榧子、薏苡仁、枸杞子。

（2）乌梢蛇、蝮蛇、酸枣仁、牡蛎、栀子、甘草、代代花、罗汉果、肉桂、决明子、莱菔子、陈皮、砂仁、乌梅、肉豆蔻、白芷、菊花、藿香、沙棘、郁李仁、青果、薤白、薄荷、丁香、高良姜、白果、香橼、火麻仁、橘红、茯苓、香薷、红花、紫苏。

第二批为：

麦芽、黄芥子、鲜白茅根、荷叶、桑叶、鸡内金、马齿苋、鲜芦根。

第三批为：

蒲公英、益智、淡竹叶、胖大海、金银花、余甘子、葛根、鱼腥草。

2. 新资源食品

新资源食品是在我国新研制、新发现、新引进的无食用习惯的，符合食品基本要求的物品。《新资源食品管理办法》规定新资源食品具有以下特点：

（1）在我国无食用习惯的动物、植物和微生物；

（2）从动物、植物、微生物中分离的在我国无食用习惯的食品原料；

（3）在食品加工过程中使用的微生物新品种；

（4）因采用新工艺生产导致原有成分或者结构发生改变的食品原料。

新资源食品应当符合《食品卫生法》及有关法规、规章、标准的规定，对人体不得产生任何急性、亚急性、慢性或其他潜在性健康危害。

国家卫生部批准作为新资源食品使用的物质，共分为九类：

（1）中草药和其他植物类：人参、党参、西洋参、冬虫夏草、山楂、黄芪、蝉花、首乌、大黄、芦荟、枸杞子、大枣、巴戟天、荷叶、菊花、五味子、桑葚、薏苡仁、茯苓、胖大海、广木香、银杏、白芷、百合、山苍籽油、山药、鱼腥草、绞股蓝、红景天、莼菜、松花粉、草珊瑚、山茱萸汁、甜味藤、芦根、生地、麦芽、麦胚、桦树汁、韭菜籽、黑豆、黑芝麻、白芍、竹笋、益智仁。

（2）食用菌藻类：灵芝、猴头菇、香菇、金针菇、姬松茸、鸡腿菇、黑木耳、乳酸菌、螺旋藻、酵母、紫红曲、脆弱拟杆菌（BF－839）。

（3）果品类：猕猴桃、罗汉果、沙棘、火棘果、野苹果。

（4）畜禽类：胆、乌骨鸡。

（5）海产品类：海参、牡蛎、海马、海窝。

（6）昆虫爬虫类：蚂蚁、蜂花粉、蜂花乳、地龙、蝎子、壁虎、蜻蜓、昆虫蛋白、蛇胆、蛇精。

（7）矿物质与微量元素类：珍珠、钟乳石、玛瑙、龙骨、龙齿、金箔、硒、碘、氟、倍半氧化羧乙基锗、赖氨酸锗。

（8）茶类：金银花茶、草木咖啡、红豆茶、白马蓝茶、北芪茶、五味参茶、金花茶、凉茶、罗汉果苦丁茶、南参茶、参杞茶、牛蒡健身茶。

（9）其他类：牛磺酸、SOD、变性脂肪、磷酸果糖、左旋肉碱。

四、功能性面点基料

1. 功能性面点基料的种类

功能性面点中真正起生理作用的成分，称为生理活性成分，富含这些成分的物质则称为功能性面点基料或生理活性物质。显然，功能性面点基料是生产功能性面点的关键。

就目前而言，业已确定的功能性面点基料主要包括以下八大类，具体品种有上百种。

（1）活性多糖，包括膳食纤维、抗肿瘤多糖等。

（2）功能性甜味料，包括功能性单糖、功能性低聚糖等。

（3）功能性油脂，包括多不饱和脂肪酸、磷脂和胆碱等。

（4）自由基清除剂，包括非酶类清除剂和酶类清除剂等。

（5）维生素，包括维生素A、维生素E和维生素C等。

（6）微量活性元素，包括硒、锗、铬、铁、铜和锌等。

（7）肽与蛋白质，包括谷胱甘肽、降血压肽、促进钙吸收肽、易消化吸收肽和免疫球蛋白等。

（8）乳酸菌，特别是双歧杆菌等。

2. 生理活性成分的合理食用

必须指出，功能性面点中无论是哪种有益于健康的营养或生理活性成分，摄入时都应有一个量的概念。无论是对健康人，还是对特殊生理状况的人，任何元素单独过多地食用，均会带来不良后果，甚至走向反面。“平衡即健康”是传统医学的主导思想，因此，要强调各类营养成分及生理活性成分的总体平衡。

（1）要强调人体所需基本营养素，如蛋白质、脂肪、碳水化合物、维生素、微量元素等的平衡。

（2）特殊生理状况的人摄取的生理活性成分也应注意平衡。

只有遵循科学、平衡的原则，才能真正发挥功能性面点中的生理活性成分的积极促进作用。

五、功能性面点的分类

首先要确定分类标准。苏联学者的研究认为：在人体健康态和疾病态之间存在一种第三态，或称诱发病态。当第三态积累到一定程度时，机体就会产生疾病。因而可以认为，一般食品为健康人所服用后，人体从中摄取各类营养素，它同时满足人的色、香、味、形等感官需求，更重要的是它将作用于人体的第三态，促使机体向健康状态复归，达到增进健康的目的。根据上述观点，我们可以功能性面点的服用对象和功能作为标准对功能性面点进行分类。

具体分类如下：

（1）以健康人为服用对象，以增进人体健康和各项体能为目的的功能性面点。再按其功能可分为：延年益寿的面点、增强免疫功能的面点、抗疲劳面点、健脑益智面点、护肤美容面点等。

（2）以健康异常人为服用对象，以防病和治病为目的的功能性面点，即疗效面点。再按其功能可分为：降血脂面点、降糖面点、减肥面点等。

思考题

1. 名词解释

（1）功能性面点。

（2）食疗。

2. 填空题

（1）功能性面点具有四种功能，即__________功能、__________功能、__________功能及__________功能。

（2）面点发展之路中的“三化”是指：面点品种__________、面点生产__________和品种生产__________。

3. 简答题

面点创新的思路有哪些？

参考文献

[1]邱庞同.中国面点史[M].青岛：青岛出版社，2010.

[2]钟志惠，等.面点制作工艺[M].南京：东南大学出版社，2007.

[3]陈迤，等.面点制作技术[M].北京：中国轻工业出版社，2006.

[4]陈忠明，等.面点工艺学[M].北京：中国纺织工业出版社，2008.

[5]赵洁，等.面点工艺[M].北京：机械工业出版社，2011.

[6]李文卿，等.面点工艺学[M].北京：中国轻工业出版社，1999.

[7]周世中.烹饪工艺[M].成都：西南交通大学出版社，2011.

[8]中国劳动出版社编辑部.中式面点师[M].北京：中国劳动出版社，2010.

[9]中国劳动出版社编辑部.西式面点师[M].北京：中国劳动出版社，2010.

[10]邵万宽.厨师长宝典[M].南京：江苏科学技术出版社，2006.

[11]中国大百科全书出版社编辑部.中国烹饪百科全书[M].北京：中国大百科全书出版社，1995.

[12]阎红，王兰，等.中西烹饪原料[M].上海：上海交通大学出版社，2011.

[13]冯玉珠.菜点创新[M].上海：上海交通大学出版社，2011.

[14]邵万宽.创新菜点开发与设计[M].北京：旅游教育出版社，2004.

[15]中国人民解放军空军后勤部军需部.美味面点400种[M].北京：金盾出版社，1997.

[16]熊四智，唐文，等.中国烹饪概论[M].北京：中国商业出版社，1998.

[17]朱在勤，等.中国风味面点[M].北京：中国纺织出版社，2008.

[18]李朝霞，等.中国面点辞典[M].太原：山西科学技术出版社，2010.

[19]张仁庆，等.中国面点[M].上海：上海科学技术文献出版社，2007.

[20]谢定源，周三保.中国名点[M].北京：中国轻工业出版社，2000.

[21]陈洪华，李祥睿.面点造型图谱[M].上海：上海科学技术出版社，2001.

[22]张松.川味小吃180例[M].成都：四川科学技术出版社，2003.

[23]罗文.面点制作技术——四川小吃篇[M].成都：西南交通大学出版社，2012.

[24]帅焜.广东点心精选[M].广州：广东科技出版社，1991.

[25]陈连生，肖正刚.北京小吃[M].北京：中国轻工业出版社，2009.

[26]山西省烹饪协会，北京汉声文化.山西面食[M].北京：中国轻工业出版社，2005.

[27]夏琪，等.江苏小吃[M].北京：中国轻工业出版社，2001.

[28]沈涛，彭涛，等.菜单设计[M].北京：科学出版社，2010.

[29]刘景圣，孟宪军，等.功能性食品[M].北京：中国农业出版社，2008.

[30]徐江普，等.药膳食疗学[M].北京：中国轻工业出版社，2007.

后记

“面点工艺”是烹饪工艺与营养专业的主干课程之一，是一门涉及多学科知识的综合性课程。通过该课程的学习，目的是使学生掌握面点原料、面团调制、馅心制作、面点成形、面点成熟等一系列面点制作工艺过程的相关知识，提高学生的实际操作能力，达到融会贯通、举一反三，把学生培养成社会、行业所需的实用型高级技能人才。

本教材以理论必须够用为原则，在编写过程中充分考虑了学生学习的规律，以面点制作工艺流程为主线，由浅入深，图文结合，既方便学生学习相关理论知识，又有助于学生掌握相关制作技能。本教材由四川烹饪高等专科学校面点教研室教师共同编写完成，该教研室教师具有多年从事“面点工艺”课程教学的实践，并有大量的相关著述出版。其中，张松老师担任主编，制定全书大纲，编写第一章、第三章、第七章，并负责全书的统稿工作；陈迤老师担任副主编，并编写第八章、第九章、第十章；陈实老师担任副主编，并编写第二章、第十三章；程万兴老师编写第五章和第十一章的三、四、五节；罗文老师编写第六章和第十一章的一、二节；冯明会老师编写第四章；胡金祥老师编写第十二章；广西玉林师范学院王德振老师编写第十四章；钟志惠老师负责审阅，欧阳灿老师负责摄影。本教材在编写过程中，得到了学校领导的关心、支持和帮助，也得到了学校酒店实验实训教学中心、教务处以及相关部门的大力支持。在编写过程中还得到了学校多位老师、行业多位专家的指导和帮助。同时，我们吸收和借鉴了一些专家学者的研究成果和教改成果，在此一并表示感谢。

本教材主要面向高职高专烹饪工艺与营养专业、餐饮管理专业的学生，也适用于广大烹饪、美食爱好者。时代在进步，餐饮业也在飞速发展，敬请同行专家和读者提出宝贵意见和建议，以便我们今后进一步修订完善。

编者

2012年8月